中等职业学校工业和信息化精品系列教材

计·算·机·网·络

网络操作系统
（Windows Server 2019）

微课版

韩卫宏 舒德凯 崔升广◎主编

谢剑 徐健辉◎副主编

U0390215

人民邮电出版社

北 京

图书在版编目（CIP）数据

网络操作系统：Windows Server 2019：微课版 /
韩卫宏，舒德凯，崔升广主编. -- 北京：人民邮电出版
社，2024.6
中等职业学校工业和信息化精品系列教材
ISBN 978-7-115-63855-7

Ⅰ．①网… Ⅱ．①韩… ②舒… ③崔… Ⅲ．①
Windows操作系统－网络服务器－中等专业学校－教材
Ⅳ．①TP316.86

中国国家版本馆CIP数据核字(2024)第046506号

内 容 提 要

根据中等职业教育的培养目标、培养特点和培养要求，本书由浅入深、全面系统地讲解 Windows Server 2019 网络操作系统的基本知识和多种网络服务的配置与管理。全书共 8 章，主要内容包括认识网络操作系统、活动目录配置管理、用户账户和组管理、文件系统与磁盘管理、DNS 服务器配置管理、DHCP 服务器配置管理、Web 与 FTP 服务器配置管理，以及远程桌面服务。为了让读者更好地巩固所学知识，每章末尾都配备了课后实训和课后习题，方便读者及时检查学习效果。

本书可作为中等职业院校计算机专业相关课程的教材，也可作为计算机网络培训教材和计算机网络爱好者的自学参考书。

◆ 主　　编　韩卫宏　舒德凯　崔升广
　　副 主 编　谢　剑　徐健辉
　　责任编辑　郭　雯
　　责任印制　王　郁　焦志炜
◆ 人民邮电出版社出版发行　　北京市丰台区成寿寺路 11 号
　　邮编　100164　　电子邮件　315@ptpress.com.cn
　　网址　https://www.ptpress.com.cn
　　大厂回族自治县聚鑫印刷有限责任公司印刷
◆ 开本：889×1194　1/16
　　印张：13.75　　　　　　　　　2024 年 6 月第 1 版
　　字数：285 千字　　　　　　　2024 年 6 月河北第 1 次印刷

定价：49.80 元

读者服务热线：(010)81055256　印装质量热线：(010)81055316
反盗版热线：(010)81055315
广告经营许可证：京东市监广登字 20170147 号

前 言

随着计算机网络技术的不断发展，计算机网络已经成为人们生活、工作的重要组成部分。培养大批熟练掌握网络技术的人才是当前社会发展的迫切需求。随着 Internet 的飞速发展，人们越来越重视网络操作系统服务器的配置与管理，在职业教育中，网络操作系统已经成为计算机相关专业的一门重要专业课。本书作为一本专业课程教材，内容与时俱进，涵盖的知识面与技术面广，可以让读者学到前沿且实用的技术，为以后的工作储备基础知识。党的二十大报告提出：教育、科技、人才是全面建设社会主义现代化国家的基础性、战略性支撑。我国主动顺应信息时代浪潮，以信息化方式培育新动能，用数字新动能推动新发展，用数字技术不断创造新的可能。

本书使用 Windows Server 2019 搭建网络实训环境，在介绍相关理论与技术原理的同时，搭配大量的配置案例，以达到理论与实践相结合的教学目的。全书在内容安排上力求做到深浅适度、详略得当，从网络操作系统基础知识起步，借助大量的案例、截图讲解网络操作系统的相关知识。编者精心选取书中的内容，对教学内容进行整体规划与设计，使得本书在叙述上简明扼要、通俗易懂，既方便教师讲授，又方便学生学习、理解与掌握。

本书的主要特点如下。

（1）内容丰富、技术新颖、图文并茂、通俗易懂，具有很强的实用性。

（2）内容组织合理、有效。本书按照由浅入深的顺序，在逐渐丰富系统功能的同时，引入相关技术与知识，实现技术讲解与训练的合二为一，有助于"教、学、做一体化"教学方法的实施。

（3）技能实践与理论教学紧密结合。为了使读者快速地掌握相关技术并能熟练运用，本书在重要知识点后面设计相关技能实践，并对功能实现、配置过程等进行详细讲解。

为方便读者使用，书中全部课程资源均免费赠送，读者可登录人邮教育社区（www.ryjiaoyu.com）下载。

本书由韩卫宏、舒德凯、崔升广任主编，谢剑、徐健辉任副主编，崔升广负责全书的统稿和定稿。

由于编者水平有限，书中不妥之处在所难免，殷切希望广大读者批评指正。同时，恳请读者在发现不妥之处后于百忙之中及时与编者联系，以便尽快更正，编者将不胜感激。联系方式为人邮网络技术教师服务交流群（QQ 群号：837556986）。

编　者

2023 年 10 月

目 录

第1章
认识网络操作系统

本章主要讲解网络操作系统的基本概念、典型的网络操作系统和技能实践，包括网络操作系统简介、网络操作系统的基本功能和服务、网络操作系统的发展、网络操作系统的选用原则、常见的网络操作系统、Windows Server 2019 简介、虚拟机安装、Windows Server 2019 安装、系统克隆与快照管理等内容。

学习目标

【知识目标】
- 了解网络操作系统的基本概念。
- 掌握网络操作系统的选用原则。
- 了解常见的网络操作系统的特点。
- 掌握Windows Server 2019的特性。

【能力目标】
- 掌握虚拟机及Windows Server 2019的安装方法。
- 掌握系统克隆与快照管理的方法。

【素养目标】
- 加强爱国主义教育，弘扬爱国精神与工匠精神。
- 培养自我学习的能力和习惯。
- 树立团队互助、合作进取的意识。

1.1 网络操作系统的基本概念

网络操作系统是一种能代替操作系统的软件程序，是网络的"心脏"和"灵魂"，是向网络计算机提供服务的特殊操作系统。

1.1.1 网络操作系统简介

操作系统（Operating System，OS）是管理计算机硬件与软件资源的计算机程序。操作

系统需要处理如管理与配置内存、决定系统资源供需的优先次序、控制输入设备与输出设备、操作网络与管理文件系统等基本事务，且操作系统需要提供让用户与系统进行交互的操作界面。在计算机中，操作系统是最基本也是最重要的系统软件之一。从计算机用户的角度来说，操作系统的功能主要体现为提供的各项服务；从开发人员的角度来说，操作系统的功能主要体现为用户登录的界面或者接口；从设计人员的角度来说，操作系统的功能主要体现为各式各样的模块和单元之间的联系。事实上，操作系统的设计和改良的关键是体系结构的设计，经过几十年的发展，操作系统已经由一开始的简单控制循环体发展成较为复杂的分布式操作系统，再加上计算机用户需求的多样化，操作系统已经成为既复杂又庞大的计算机软件系统之一。

操作系统是计算机软件系统的重要组成部分，它是计算机与用户之间的接口。单机操作系统主要有以下基本特点。

（1）由一些程序模块组成，其功能是管理和控制计算机系统中的硬件及软件资源。

（2）合理地组织计算机的工作流程，以便有效地利用资源为用户提供功能强大、使用方便的工作环境。

（3）只为本地用户服务，无法满足网络环境的要求。

程序员需要在操作系统中建立各种进程，编制不同的功能模块，按层次结构将功能模块有机地组织起来，以实现处理器管理、作业管理、存储管理、文件管理和设备管理等功能。但是单机操作系统只能为本地用户提供使用本机资源的服务，不能满足开放网络环境的要求。如果用户的计算机已经连接到局域网（Local Area Network，LAN）中，但是没有安装网络操作系统，那么这台计算机不能提供任何网络服务。联网的计算机系统不仅要为使用本地资源和网络资源的用户提供服务，还要为远程网络用户提供服务。因此，网络操作系统的基本任务是屏蔽本地资源的差异性，为用户提供各种基本网络服务功能，完成对网络共享系统资源的管理，并提供网络操作系统的服务，等等。

1. 网络操作系统的定义

网络操作系统（Network Operating System，NOS）是使网络中的各计算机能够方便而有效地共享网络资源，并为网络用户提供共享资源管理服务和其他网络服务的各种软件与协议的集合。网络操作系统除了能实现单机操作系统的全部功能外，还可以向网络计算机提供服务。通常，计算机的操作系统中会安装很多网络软件，包括网络协议软件、网络通信软件和网络操作系统等。网络协议软件主要是指物理层和链路层的一些接口的约定，即各种硬件和软件必须遵守的共同规则；网络通信软件则负责管理各计算机之间的信息传输。

网络操作系统与单机操作系统的不同之处在于提供的服务有差别。一般来说，网络操作系统侧重于优化"与网络活动相关的特性"，即通过网络来管理诸如共享数据文件、软件应用和外部设备之类的资源。单机操作系统则侧重于优化用户与系统的接口，以及在其上运行的各种应用程序。因此，网络操作系统实质上是管理所有网络资源的一种程序。网络操作系统管理的资源有工作站访问的文件系统、在网络操作系统中运行的各种共享应用程序、共享网络设备的输入 / 输出（Input/Output，I/O）信息、网络操作系统进程间的服务调度等。

2. 网络操作系统的特点

网络操作系统除了具有一般操作系统的特点外，还具有自己的特点，如复杂性、并行性、高效性和安全性等。典型的网络操作系统一般具有如下特点。

（1）支持多任务、多用户管理。网络操作系统在同一时间能够处理多个应用程序，不同的应用程序在不同的内存空间运行。网络操作系统能同时支持多个用户对网络的访问，在多用户环境下，网络操作系统可以给应用程序和数据文件提供足够的、标准化的保护。网络操作系统能够支持多用户共享网络资源，包括磁盘处理、打印机处理、网络通信处理等面向用户的处理程序和多用户的系统核心调用程序。

（2）支持大内存。网络操作系统支持较大的物理内存，以便应用程序更好地运行。

（3）支持对称多处理。网络操作系统支持多个中央处理器（Central Processing Unit，CPU），可减少事务处理时间，提高操作系统的性能。

（4）支持网络负载平衡。网络操作系统能够与其他计算机一起构成虚拟系统，满足多用户访问的需要。

（5）支持远程网络管理和维护。网络操作系统能够支持用户通过 Internet 进行远程网络管理和维护，如 Windows Server 2019 操作系统的终端服务；支持网络应用程序及其管理功能，如系统备份、安全管理、容错和性能控制等。

（6）硬件系统无关性。网络操作系统可以在不同的网络硬件上运行。以网络中常用的联网设备——网络接口卡来说，一般网络操作系统支持多种类型的网络接口卡，如 D-Link、Intel、3Com，以及其他厂家生产的以太网卡或令牌环网卡等。不同的硬件设备可以构成不同的拓扑结构，如总线型拓扑结构、环形拓扑结构、网状拓扑结构，网络操作系统应独立于网络的拓扑结构。

（7）提供存取控制。网络操作系统可对用户资源进行控制，并提供控制用户访问网络的方式。

（8）图形化用户界面。网络操作系统会为用户提供丰富的界面功能，支持多种网络控制方式。

（9）互操作性。这是网络工业的一种趋势，允许多种操作系统厂商的产品共享相同的网络电缆系统，并且彼此可以联通访问。

（10）提供目录服务。这是一种以单一逻辑的方式访问可能位于全球范围内的所有网络服务和资源的技术。无论用户身在何处，只需要通过一次登录就可以访问所有网络服务和资源。

（11）高可靠性。网络操作系统是运行在网络核心设备（如服务器）上的可提供服务的关键软件，它必须能够保证每年 365 天、每天 24h 不间断地工作。如果由于某些情况系统总是崩溃或停止服务，那么用户是无法忍受的，因此网络操作系统必须具有高可靠性。

（12）安全性。为了保证系统和系统资源的安全性、可用性，网络操作系统往往集成了用户权限管理、资源管理等功能。例如，为每种资源都定义自己的存取控制表，定义各个用户对某个资源的存取权限，并使用用户安全标识符（Security Identifier，SID）来唯一标识用户。

（13）容错性。网络操作系统能提供多级系统容错能力，包括日志式的容错特征列表、可恢复文件系统、磁盘镜像、磁盘备用扇区以及对不间断电源（Uninterruptible Power Supply，UPS）设备的支持。强大的容错性是系统稳定运行的保障。

（14）可移植性和可伸缩性。网络操作系统支持广泛的硬件产品，不仅支持 Intel 系列处理器，还可运行在精简指令集计算机芯片上。网络操作系统往往还支持多处理器技术，如支持的处理器个数从 1 ～ 32 不等或者更多，所以它具有很好的可伸缩性。

（15）支持 Internet 与开放性。Internet 已经成为网络的一个总称，不同网络的边界越来越模糊，专用网络与 Internet 标准日趋统一。因此，各品牌的网络操作系统都集成了许多标准化应用，如 Web 服务、文件传送协议（File Transfer Protocol，FTP）服务等，各种类型的网络几乎都连接到了 Internet 上，对内、对外均按 Internet 标准提供服务。只有保证系统的开放性，使系统具有良好的兼容性、可移植性、可维护性等，厂商们才能在竞争激烈的市场中生存。

1.1.2　网络操作系统的基本功能和服务

操作系统的功能通常包括处理器管理、存储器管理、设备管理和文件管理，以及为方便用户使用操作系统而向用户提供接口等。网络操作系统除了提供上述资源管理功能和用户接口外，还提供网络环境下的通信、网络资源管理等特定功能。它能够协调网络中各种设备的动作，向用户提供尽量多的网络资源，包括打印机和传真机等外围设备，并确保网络中数据和设备的安全性。网络操作系统具有如下的功能和服务。

微课

V1.2　网络操作系统的基本功能和服务

1. 共享资源管理

网络操作系统能够对网络中的共享资源（硬件和软件资源）实施有效的管理，协调用户对共享资源的使用，并保证共享资源的安全性和一致性。

2. 网络通信

网络通信是网络操作系统的基本功能，其任务是在源主机和目的主机之间实现无差错的数据传输。为此，网络操作系统采用标准的网络通信协议实现以下几个主要功能。

（1）建立和拆除通信链路。在需要通信时为通信双方建立一条暂时性的通信链路，通信结束后将该链路拆除。

（2）传输控制。对传输过程中的数据进行必要的控制。

（3）路由选择。为所传输的数据选择一条合适的传输路径。

（4）流量控制。控制传输过程中的数据流量。

（5）差错控制。对传输过程中的数据进行差错检测和纠正。

网络操作系统提供的通信服务主要有工作站与工作站之间的对等通信、工作站与主机之间的通信等。

3．网络服务

网络操作系统在前两个功能的基础上为用户提供了多种有效的网络服务，如 Web 服务、电子邮件服务、文件传输服务、共享磁盘服务等。

4．网络管理

网络管理的主要任务之一是安全管理，一般通过存取控制来确保存取数据的安全性，通过容错技术来保证系统发生故障时数据能够安全恢复。此外，网络操作系统还提供了丰富的网络管理服务工具，可以提供网络性能分析、网络状态监控、存储管理等多种管理服务，并对网络使用情况进行统计，以便为提高网络性能、进行网络维护和计费等提供必要的信息。

5．互操作能力

客户端 / 服务器模式的局域网环境下的互操作，是指连接在服务器上的多个客户端不仅能与服务器通信，还能以透明的方式访问服务器上的文件系统。Internet 环境下的互操作，是指不同网络间的客户端不仅能通信，还能以透明的方式访问其他网络的文件服务器。

6．文件服务

文件服务是网络操作系统中十分重要的、基本的服务。文件服务器集中管理共享文件，为网络提供完整的数据、文件、目录服务。用户可以使用规定的权限对文件进行建立、打开、删除、读写等操作。

7．打印服务

打印服务也是网络操作系统提供的基本服务。共享打印服务可以通过设置专门的打印服务器来实现，打印服务器可以由文件服务器或工作站兼任。局域网中可以设置一台或多台共享打印机，向网络用户提供远程共享打印服务。打印服务器主要具有对用户打印请求的接收、打印格式的说明、打印队列的管理等功能。

8．分布式服务

网络操作系统的分布式服务将在不同地理位置的网络中的资源组织在一个全局的、可复制的分布式数据库中，网络中的多个服务器均有该数据库的副本。用户在一个工作站上注册后，便可与多个服务器进行连接。服务器资源的存放位置对用户来说是透明的，用户可以通过简单的操作访问大型局域网中的所有资源。

1.2　认识典型的网络操作系统

网络操作系统是用于管理网络的核心软件，目前网络操作系统已经得到了广泛应用。纵观其几十年的发展，网络操作系统经历了由对等结构向非对等结构的演变。

1.2.1　网络操作系统的发展

网络操作系统的发展经历了以下几个阶段。

1．对等结构网络操作系统

网络中的计算机平等地进行通信，联网计算机上的资源可共享。每一台计算机都可提供自己的资源（文件、目录、应用程序、打印机等），供网络中的其他计算机使用。每一台计算机都负责保证自己资源的安全。对等结构网络操作系统可以提供磁盘共享、打印机共享、CPU 共享、屏幕共享、电子邮件共享等服务。

微课

V1.3　网络操作系统的发展

对等结构网络操作系统的优点是结构简单，网络中的任意两个节点均可直接通信。其缺点是每台联网的计算机既是服务器又是工作站，节点承担较多的通信管理、网络资源管理和网络服务管理等工作。对于早期资源较少、处理能力有限的微型计算机来说，要同时承担多项管理工作，势必会降低网络的整体性能。因此，对等结构网络操作系统支持的网络系统一般规模较小。

2．非对等结构网络操作系统

网络节点分为服务器和工作站两类。服务器采用高配置、高性能的计算机，为工作站提供服务。而工作站一般为配置较低的个人计算机（Personal Computer，PC），为本地用户和网络用户提供资源服务。

非对等结构网络操作系统的软件分为两部分：一部分运行在服务器上，另一部分运行在工作站上。运行在服务器上的软件是非对等结构网络操作系统的核心部分，其性能的高低直接决定网络服务功能的强弱。

3．以共享硬盘为服务器的网络操作系统

早期的非对等结构网络操作系统以共享硬盘服务器为基础，向工作站用户提供共享硬盘、共享打印机、共享电子邮件、共享通信等基本服务。其效率较低，安全性也很差。

4．基于文件服务器的网络操作系统

基于文件服务器的网络操作系统由文件服务器和工作站两部分组成。文件服务器具有分时系统文件管理的全部功能，并可向网络用户提供完善的数据、文件和目录服务。

前期开发的基于文件服务器的网络操作系统属于变形级系统。变形级系统是在单机操作系统的基础上，通过增加网络服务功能而形成的。

后期开发的基于文件服务器的网络操作系统大部分属于基础级系统。基础级系统是以计算机硬件为基础，根据网络服务的特殊要求，直接利用计算机硬件与少量软件资源专门设计的网络操作系统。基础级系统具有优越的网络性能，能提供很强的网络服务功能，目前大多数局域网系统采用了这类系统。

1.2.2　网络操作系统的选用原则

网络操作系统对网络的应用、性能有着至关重要的影响。选择合适的网络操作系统，既能实现建设网络的目标，又能省钱、省力，提高系统运行的效率。

网络操作系统的选择要从网络应用出发，首先分析所设计的网络到底需要提供什么服务，然后分析各种网络操作系统提供的这些服务的性能与特点，最后确定使用何种网络操作系统。网络操作系统的选用一般需遵循以下原则。

微课

V1.4　网络操作系统的选用原则

1．标准化

网络操作系统的设计、提供的服务应符合国际标准，尽量少使用企业专用标准，这有利于系统的升级和应用的迁移，能最大限度、最长时间地保障用户的投资。基于国际标准开发的网络操作系统可以保证异构网络的兼容性，即当一个网络中存在多个操作系统时，能够充分实现资源的共享和服务的互容。

2．可靠性

网络操作系统是保证网络核心设备——服务器正常运行、提供关键服务的软件系统。它应具有健壮、可靠、容错性高等特点，能提供全天 24 小时不间断的服务。因此，选择技术先进、产品成熟、应用广泛的网络操作系统，可以保证网络操作系统具有良好的可靠性。

3．安全性

为使网络操作系统不易受到侵扰，应选择强大的、能提供各种级别安全管理的网络操作

系统。各个网络操作系统都自带安全服务，例如，UNIX、Linux 网络操作系统提供了用户账号管理、文件系统权限和系统日志文件等安全服务；NetWare 提供了 4 级安全等级，即登录安全、权限安全、属性安全和服务安全；Windows Server 2012/2016/2019 提供了用户账号管理、文件系统权限、Registry（注册）保护、审核、性能监视等基本安全服务。

4. 网络应用服务的支持

网络操作系统应能提供全面的网络应用服务，如 Web 服务、FTP 服务、电子邮件服务等，并能良好地支持第三方应用系统，从而保证提供完整的网络应用服务。

5. 易用性

用户应选择易管理、易操作的网络操作系统，这样能提高管理效率，降低管理复杂性。现在有些用户对新产品、新技术十分敏感和好奇，在网络建设过程中往往会忽略对实际应用的要求，盲目追求新产品、新技术。计算机网络技术发展得极快，谁也不知道下一个 10 年计算机网络技术会发展成什么样。面对竞争越来越激烈的网络市场，不要盲目追求新技术、新产品，一定要从实际需求出发，建立一套既能真正满足当前实际应用需要，又能保证今后顺利升级的网络操作系统。

Windows、Linux、NetWare 和 UNIX 等网络操作系统具有许多共同点，同时又各具特色，被广泛应用于各种类型的网络环境下，并各占有一定的市场份额。网络建设者应熟悉这几种网络操作系统的特征及优缺点，并根据实际的应用情况和网络用户的水平层次来选择合适的网络操作系统。选择网络操作系统时还要考虑自己的网络环境，一般来说，中小型企业在网站建设中多选择 Windows Server 2012/2016/2019，它们简单易用，适用于技术维护力量较薄弱的网络环境；建设网站服务器和邮件服务器时多选用 Linux；而工业控制、生产企业、证券系统环境多选用 NetWare；在对安全性要求很高的环境中，如金融、银行、军事等领域的网络及大型企业网络，则推荐选用 UNIX。总之，选择网络操作系统时要充分考虑其可靠性、易用性、安全性、标准化及对网络应用服务的支持。

1.2.3　常见的网络操作系统

随着计算机网络的飞速发展，市场上出现了多种网络操作系统，目前较常见的网络操作系统主要包括 Windows Server、NetWare、UNIX，还有发展势头强劲的 Linux 等。

1. Windows Server

1993 年 7 月，Windows NT 3.1 发布，其与磁盘操作系统（Disk Operating System，DOS）脱离，采用了很多新技术，并具有很强的联网功能，但它对硬件资源的要求较高，网络功能明显不强。

1994 年 9 月，Windows NT 3.5 发布，它在 Windows NT 3.1 的基础上进行了改进，降低了对硬件资源的要求，增加了与 UNIX 和 NetWare 等的连接与集成。

1996 年 7 月，Windows NT 4.0 发布，它在网络性能、网络安全性与网络管理以及支持 Internet 等方面有了质的飞跃。

Windows NT 操作系统提供了两套软件包，分别是 Windows NT Workstation 和 Windows NT Server。

Windows NT Workstation 是 Windows NT 的工作站版本，它是功能非常强人的标准 32 位桌面操作系统，不仅高效、易用，还与 PC 兼容，可以满足用户的各种需要。

Windows NT Server 则是 Windows NT 的服务器版本，它为许多重要的商务应用程序提供了必要的服务，包括高效、可靠的数据库，TBM SNA 主机连接，消息和系统管理服务，等等。

Windows NT Server 是一个功能强大、可靠性高并可进行扩充的网络操作系统，同时结合了 Windows 的许多优点。总的来说，它的主要特点如下。

（1）内置的网络功能。通常，网络操作系统是在传统的操作系统上附加网络软件形成的。但是 Windows NT Server 把网络功能融合到操作系统中，并将其作为 I/O 系统的一部分。

（2）内置的管理功能。网络管理员可以使用 Windows NT Server 内部的安全保密机制，完成为不同的文件设置不同的访问权限以及规定用户对服务器的操作权限等任务。

（3）良好的用户界面。Windows NT Server 采用全图形化的用户界面，用户可以方便地通过鼠标进行操作。

（4）组网简单、管理方便。利用 Windows NT Server 来组建和管理局域网非常简单、方便，基本不需要学习太多的网络知识，很适合普通用户使用。

（5）开放的体系结构，支持多处理器。Windows NT Server 支持多处理器，能够并行处理多个任务，提高整体性能和并发处理能力。

2. NetWare

20 世纪 80 年代初，Novell 公司开发出了一种高性能的局域网——Novell 网，紧接着又推出了 NetWare。NetWare 不仅是 Novell 网的操作系统，还是 Novell 网的核心。

NetWare 的发展起源于 1981 年，Novell 公司首次提出了局域网文件服务器的概念。1984 年，NetWare 1.0 发布，它是以 DOS 为环境的网络操作系统；1985 年，Advanced NetWare 1.x 发布，该版本增加了多任务处理功能，完善了底层协议，并支持基于不同网卡的节点互联；1986 年，Advanced NetWare 2.0 发布，该版本扩充了虚拟内存工作方式，且内存寻址突破 640KB；1987 年，NetWare 2.1 发布，该版本在 NetWare 文件服务器上增加了系统容错（System Fault Tolerance，SFT）机制，具有热修复、磁盘镜像和磁盘双工等特性；1990 年，NetWare 3.1 发布，该版本在网络整体性能、系统的可靠性、网络管理和应用开发平台等方面得到了增强；1993 年，NetWare 4.0 发布，该版本在 NetWare 3.11 的基础上增加了目录服务和磁盘文件压缩功能，具有良好的可靠性、易用性、可伸缩性和灵活性；2000 年，NetWare 5.0 发布，其更大程度地支持并加强了 Internet、Intranet 以及数据库的应用与服务。

NetWare 是以文件服务器为中心的操作系统，它主要由以下 3 个部分组成。

（1）文件服务器。文件服务器实现了 NetWare 的核心协议——网络控制协议（Network Control Protocol，NCP），并提供了 NetWare 的所有核心服务。文件服务器主要负责处理工作站的网络服务请求，并提供运行软件和维护网络操作系统所需要的基本功能。

（2）工作站软件。工作站软件是指在工作站上运行的，能把工作站与网络连接起来的应用程序，它与工作站中的操作系统一起驻留在用户工作站中，建立用户的应用环境。工作站软件的主要功能是确定来自程序或用户的请求是工作站请求还是网络请求，并做出相应的处理。

（3）底层通信协议。服务器与工作站之间的连接是通过网络适配器、通信软件和传输介质实现的。NetWare 的底层通信协议包含在通信软件中，其功能是在网络服务器与工作站、工作站与工作站之间建立通信连接时提供网络服务。

NetWare 的特点如下。

（1）支持多种用户类型。在 NetWare 中，网络用户可以分为网络管理员、组管理员、网络操作员、普通网络用户 4 类。

（2）强有力的文件系统。NetWare 中有一个或一个以上的文件服务器。NetWare 文件系统通过目录文件结构组织文件。文件服务器对网络文件访问进行集中、高效的管理。

（3）先进的磁盘通道技术。NetWare 文件系统采用多路磁盘处理技术和高速缓冲算法来加快磁盘通道的访问速度，也有效地加快了多个站点访问服务器磁盘的响应速度。另外，NetWare 还采用目录 Cache（缓存）、目录 Hash（哈希）、文件 Cache（缓存）、后台写盘、多磁盘通道等磁盘访问机制来提高磁盘通道的总吞吐量。

（4）高安全性。NetWare 提供了 4 种安全保密等级：注册安全性、权限安全性、属性安全性和文件服务器安全性。这些安全保密措施可以单独使用，也可以混合使用。

（5）开放式的系统体系结构。NetWare 使用了开放协议技术（Open Protocol Technology，OPT），允许各种协议的结合，支持多种操作系统，使各类工作站可与公共服务器通信。

3. UNIX

1969 年，肯·汤普森（Ken Thompson）在贝尔实验室首先用汇编语言在 PDP-7 机器上实现了 UNIX 操作系统。不久后，UNIX 被人们用 C 语言进行了重写。1975 年和 1979 年 UNIX V6 和 UNIX V7 分别发布，并且开发人员正式向美国各大学及研究机构提供了 UNIX 的源代码，以鼓励他们对 UNIX 进行改进，从而促进了 UNIX 的迅速发展。1982 年和 1983 年，UNIX System III 和 UNIX System V Release 1 先后推出。1984 年，UNIX System V Release 2

推出，1987 年其 3.0 版本发布，它们分别简称为 UNIX SVR 2 和 UNIX SVR 3。1989 年，UNIX SVR 4 发布。UNIX 提供通信功能，以及一些大型服务器的操作系统的功能，因此人们通常将它作为网络操作系统来使用。

早期的 UNIX 用于小型计算机，以替代一些专用操作系统。在这些小型计算机中，UNIX 作为多用户、多任务操作系统运行，应用软件和数据集中在一起。经过不断发展，UNIX 已成为可移植的操作系统，能运行在各种计算机上，包括大型计算机和巨型计算机。

UNIX 的出现大大推动了计算机系统及软件技术的发展，UNIX 能获得如此巨大的成功，原因是它具有以下基本特点。

（1）多用户、多任务环境。UNIX 是一个多用户、多任务的操作系统，它不仅支持数十个乃至数百个用户通过其各自的联机终端同时使用一台计算机，还允许每个用户同时执行多个任务。

（2）功能强大、实现高效。UNIX 的许多功能在实现上都有其独到之处，并且十分高效。其内部丰富的系统功能能方便、快速地完成其他许多系统难以实现的操作。

（3）具有很好的可移植性。UNIX 是可移植性极好的操作系统，它不仅能广泛地配置在微型机、中型机、大型机等各种机器上，还能方便地对已配置 UNIX 的机器进行联网。

（4）丰富的网络功能。各种 UNIX 版本普遍支持传输控制协议/互联网协议（Transmission Control Protocol/Internet Protocol，TCP/IP），且 UNIX 中包括网络文件系统（Network File System，NFS）软件、客户端/服务器协议软件（Client/Server Protocol Software）、互联网分组交换（Internetwork Packet Exchange，IPX）/序列分组交换（Sequenced Packet Exchange，SPX）软件等。通过这些软件可以实现 UNIX 之间、UNIX 与 NetWare 或 Windows NT 的互联。

（5）强大的系统管理器和进程资源管理器。UNIX 的核心系统配置和管理是由系统管理员管理器（System Administration Manager，SAM）来实施的。利用 SAM 可以大大简化操作步骤，从而显著提高系统管理的效率。而进程资源管理器可以让系统管理员动态地将可用的 CPU 周期和内存的最少百分比分配给指定的用户群及进程，从而为系统管理提供额外的灵活性。

4. Linux

回顾 Linux 的发展历史，可以说 Linux 是"踩着巨人的肩膀"逐步发展起来的，Linux 在很大程度上借鉴了 UNIX 的成功经验，继承并发展了 UNIX 的优点。Linux 具有开源的特性，一经推出便得到广大操作系统开发爱好者的积极响应与支持，这也是 Linux 迅速发展的关键因素之一。

（1）Linux 简介

Linux 是一种类 UNIX 的操作系统，Linux 来源于 UNIX，是 UNIX 在计算机上的完整实现。UNIX 具有良好而稳定的性能，因此在计算机领域中得到了广泛应用。

由于美国电话电报公司的政策改变，在 UNIX V7 推出之后，该公司发布了新的使用条款，将 UNIX 源代码私有化，大学不能再使用 UNIX 源代码。1987 年，荷兰阿姆斯特丹自由大学计算机科学系的安德鲁·塔能鲍姆（Andrew Tanenbaum）教授为了能在课堂上教授学生操作系统运作的实务细节，决定在不使用任何美国电话电报公司的源代码的前提下，自行开发与 UNIX 兼容的操作系统，以避免版权上的争议。他以小型 UNIX（Mini-UNIX）之意将此操作系统命名为 MINIX。MINIX 是一种基于微内核架构的类 UNIX 操作系统，除了启动的部分用汇编语言编写以外，其他大部分都是用 C 语言编写的，其内核系统分为内核、内存管理及文件管理 3 个部分。

MINIX 有名的学生用户是李纳斯·托沃兹（Linus Torvalds），他在芬兰赫尔辛基大学使用 MINIX 搭建了一个新的内核与 MINIX 兼容的操作系统。1991 年 10 月 5 日，他在一台 FTP 服务器上发布了这个消息，将此操作系统命名为 Linux，这标志着 Linux 的诞生。在设计原理上，Linux 和 MINIX 大相径庭，MINIX 在内核上采用微内核的设计，但 Linux 和原始的 UNIX 相同，都采用宏内核的设计。

Linux 被完善后发布到互联网中，所有人都可以免费下载、使用它的源代码。Linux 的早期版本并没有考虑用户的使用体验，只提供了核心的框架，使得 Linux 开发人员可以享受编制内核的乐趣，这也促成了 Linux 内核的强大与稳定。随着互联网的兴起与发展，Linux 迅速发展，许多优秀的开发人员加入了 Linux 的编写行列之中。随着开发人员的增加和完整的操作系统基本软件的出现，Linux 的开发人员认识到 Linux 已经逐渐变成一个成熟的操作系统。1994 年 3 月，其内核 1.0 的推出，标志着 Linux 第一个版本的诞生。

Linux 的版权拥有者一开始要求所有的源代码必须公开，且任何人均不得从 Linux 交易中获利。然而，这种纯粹的自由软件理想对于 Linux 的普及和发展是不利的，于是 Linux 开始转向通用公共许可证（General Public License，GPL）项目，成为 GNU 阵营中主要的一员。GNU 项目是理查德·斯托尔曼（Richard Stallman）于 1983 年提出的，他建立了自由软件基金会，并提出开发 GNU 项目的目的是开发一种完全自由的、与 UNIX 类似但功能更强大的操作系统，以便为所有计算机用户提供一种功能齐全、性能良好的基本系统。

Linux 采用了分层结构，如图 1.1 所示。它包括 4 个层次，每层只能与相邻的层通信，层与层之间具有从上到下的依赖关系，靠上的层依赖靠下的层，但靠下的层并不依赖靠上的层。

Linux 诞生之后发展迅速，一些机构和公司将 Linux 内核、源代码以及相关应用软件集成为一个完整的操作系统，便于用户安装和使用，从而形成 Linux 发行版，这些发行版不仅包括完整的 Linux，还包括文本编辑器、高级语言编译器等应用软件，以及 X Windows 图形用户界

图 1.1　Linux 的分层结构

面（Graphical User Interface，GUI）。Linux 在桌面应用、服务器平台、嵌入式应用等领域得到了良好发展，并形成了自己的产业领域，包括芯片制造商、硬件厂商、软件提供商等。

Linux 具有完善的网络功能和较高的安全性，继承了 UNIX 卓越的稳定性，在全球各地的服务器平台市场上占有的份额不断增加。

互联网产业的迅猛发展，促使云计算、大数据产业形成并快速发展，使 Linux 占据了核心优势。Linux 基金会的研究结果表明，85% 以上的企业已经在使用 Linux 进行云计算、大数据平台的构建。在物联网、嵌入式系统、移动终端等市场，Linux 也占据着较大的份额。在桌面领域，Windows 仍然是"霸主"，但是 Ubuntu、CentOS 等注重桌面体验的发行版的不断进步，使得 Linux 在桌面领域的市场份额逐步增加。Linux 凭借优秀的设计、不凡的性能，加上 IBM、Intel、CA、Core、Oracle 等企业的大力支持，其市场份额逐步增加，逐渐成为主流操作系统之一。

图 1.2　Linux 的标志

（2）Linux 的版本

Linux 的标志是一只可爱的小企鹅，如图 1.2 所示。它寓意着开放和自由，这也是 Linux 的精髓。

Linux 是一种诞生于网络、成长于网络且成熟于网络的操作系统，其具有开源的特性，是基于 Copyleft（无版权）的软件模式进行发布的。Copyleft 是与 Copyright（版权所有）对立的新名称，这造就了 Linux 发行版多样的格局。目前，Linux 已经有超过 300 个发行版，被普遍使用的有以下几个。

① Red Hat Linux。Red Hat Linux（红帽 Linux）是现在著名的 Linux 版本之一，不但创造了自己的品牌，还有越来越多的用户。2022 年 5 月 18 日，IBM 公司收购的红帽公司宣布推出红帽企业 Linux 9（Red Hat Enterprise Linux 9，RHEL 9），这是领先的企业 Linux 操作系统的最新版本。RHEL 9 为支持混合云创新提供了更灵活、更稳定的基础。

② CentOS。社区企业操作系统（Community Enterprise Operating System，CentOS）是 Linux 发行版之一，它是基于 RHEL，依照开源规定释出的源代码编译而成的。由于出自同样的源代码，因此有些要求稳定性强的服务器会用 CentOS 代替 RHEL。两者的不同之处在于：CentOS 并不包含封闭源代码软件，而 RHEL 包含；CentOS 完全免费，不存在 RHEL 需要序列号的情况；CentOS 独有的 yum 命令支持在线升级，可以即时更新系统，不像 RHEL 需要购买支持服务。CentOS 修复了许多 RHEL 的漏洞，在大规模的系统下也有很好的性能，能够提供可靠、稳定的运行环境。

③ Fedora。Fedora 是由红帽公司赞助、Fedora 项目社区支持的独立 Linux 发行版。Fedora 包含在各种免费和开源许可下分发的软件。Fedora 是 RHEL 发行版的上游源。Fedora 作为开放的、创新的、具有前瞻性的操作系统，允许任何人自由使用、修改和重新发布。它

由一个强大的社区开发，无论是现在还是将来，Fedora 社区的成员都将以自己的不懈努力，提供并维护自由、开源的软件。

④ Mandrake。Mandrake 于 1998 年创立，它的目标是尽量让编程工作变得更简单。Mandrake 提供了优秀的图形安装界面，它的最新版本包含许多 Linux 软件包。作为 Red Hat Linux 的一个分支，Mandrake 将自己定位为桌面市场的最佳 Linux 版本。但其也支持服务器上的安装，且效果还不错。Mandrake 的安装简单明了，为初级用户设置了简单的安装选项，还为磁盘分区制作了适用于各类用户的简单图形用户界面。其软件包的安装选择非常标准，还有对应软件组和单个工具包的选项。安装完毕后，用户只需重启系统并登录即可。

⑤ Debian。Debian 诞生于 1993 年 8 月 13 日，它的目标是提供一个稳定、容错率高的 Linux 版本。支持 Debian 的不是某家公司，而是许多在其改进过程中投入了大量时间和精力的开发人员，这些改进吸取了早期 Linux 的经验。Debian 以稳定性强著称，Debian 的安装是完全基于文本的，对于其本身来说这不是一件坏事，但对于初级用户来说并不友好。因为它仅使用 fdisk 作为分区工具而没有自动分区功能，所以它的磁盘分区过程对于初级用户来说非常复杂。磁盘设置完毕后，软件工具包的选择通过一个名为 dselect 的工具实现，但它不向用户提供安装基本工具组（如开发工具）的简易设置步骤。此外，其需要使用 anXious 工具配置 Windows，这个过程与其他版本的 Windows 配置过程类似，完成这些配置后，即可使用 Debian。

⑥ Ubuntu。Ubuntu 是一个以桌面应用为主的 Linux 操作系统。Ubuntu 基于 Debian 发行版和 Unity 桌面环境。Ubuntu 与 Debian 的不同之处在于，其每 6 个月会发布一个新版本。Ubuntu 的目标是为一般用户提供最新的、相当稳定的、主要由自由软件构建而成的操作系统。Ubuntu 具有强大的社区力量，用户可以方便地从社区获得帮助。随着云计算的流行，Ubuntu 推出了一个云计算环境搭建的解决方案，可以在其官方网站找到相关信息。

1.2.4　Windows Server 2019 简介

Windows Server 2019 是由微软（Microsoft）公司在 2018 年 11 月 13 日发布的服务器版操作系统，该系统是基于 Windows Server 2016 开发的，是对 Windows NT Server 的进一步拓展和延伸，是迄今为止 Windows 服务器体系中的重量级产品。Windows Server 2019 与 Windows 10 "同宗同源"，其提供了图形用户界面，具有大量与服务器相关的特性。Windows Server 2019 主要用于虚拟专用服务器（Virtual Private Server，VPS），可用于架设网站或者提供各类网络服务。它具有四大重要特性：混合云（Hybrid Cloud）、安全（Security）、应用程序平台（Application Platform）和超融合基础架构（Hyper Converged Infrastructure，HCI）。该版操作系统将会作为下一个长期服务频道（Long-Term Servicing Channel，LTSC）为企业提供服务，同时新版本将继续提高安全性并提供比以往更强大的性能。

Windows Server 2019 拥有全新的图形用户界面、强大的管理工具、改进的 PowerShell 支持，以及在网络、存储和虚拟化方面的大量特性，且其底层特意为云所设计，提供了创建私有云和公共云的基础设施。Windows Server 2019 规划了一套完备的虚拟化平台，不仅可以应对多工作负载、多应用程序、高强度和可伸缩的架构，还可以简单、快捷地进行平台管理。另外，它在保障数据和信息的高安全性、可靠性，省电、整合方面也进行了诸多改进。

1. Windows Server 2019 的特点

Windows Server 2019 的特点如下。

（1）超越虚拟化

Windows Server 2019 完全超越了虚拟化的概念，提供了一系列新增加的和改进的技术，极大地发挥了云计算的潜能，其中最大的亮点之一就是私有云的创建。Windows Server 2019 在开发过程中对 Hyper-V 的功能与特性进行了大幅改进，从而使其能为企业提供动态的多租户基础架构，企业可在灵活的 IT 环境下部署私有云，并能动态响应不断变化的业务需求。

（2）功能强大、管理简单

Windows Server 2019 可帮助 IT 专业人员在对云进行优化的同时提供高可用、易管理的多服务器平台，从而更快捷、更高效地满足业务需求，且可以通过基于软件的策略控制技术更好地管理系统，从而获得各类收益。

（3）跨越云端的应用体验

Windows Server 2019 是一套全面、可扩展且适应性强的 Web 与应用程序平台，能为用户提供足够的灵活性，供用户在内部、云端、混合式环境下构建应用程序，并能使用一致的开放式工具。

（4）现代化的工作方式

Windows Server 2019 在设计上可以满足现代化工作风格的需求，帮助管理员使用智能且高效的方法提升企业环境下的用户生产力，尤其是涉及集中化桌面的环境。

2. Windows Server 2019 的版本

根据企业规模以及虚拟化和数据中心的要求，微软公司将 Windows Server 2019 分为 3 个版本，即 Windows Server 2019 Datacenter（数据中心版）、Windows Server 2019 Essentials（精华版）和 Windows Server 2019 Standard（标准版）。

（1）Windows Server 2019 Datacenter 适用于特大型企业，专为高度虚拟化的基础架构设计，包括私有云和混合云环境。它提供 Windows Server 2019 可用的所有角色和功能。它为在相同硬件上运行的虚拟机提供了无限的、基于虚拟机的许可证，它还包括受防护的虚拟机的改进、软件定义网络（Software Defined Network，SDN）的安全性、Windows Defender 高级威胁防护等功能。

（2）Windows Server 2019 Essentials 适用于小型企业（最多有 50 台设备）。它支持两个处理器内核和高达 64GB 的随机存取存储器（Random Access Memory，RAM），但不支持 Windows Server 2019 的许多功能，如虚拟化等。

（3）Windows Server 2019 Standard 适用于一般企业。它提供了 Windows Server 2019 可用的许多角色和功能。它最多包括两个虚拟机的许可证，并支持安装 Nano 服务器。

3. Windows Server 2019 的特性

Windows Server 2019 的四大特性如下。

（1）混合云

Windows Server 2019 和 Windows Admin Center 让用户可以更加容易地将现有的本地环境连接到微软的 Azure。使用 Windows Server 2019 的用户可以更加容易地使用 Azure 云服务（如 Azure Backup 和 Azure Site Recovery 等），且随着时间的推移，微软公司将支持更多服务。

（2）安全

保证安全仍然是微软公司的首要任务，从 Windows Server 2016 开始，微软公司就在推进建设新的安全功能，而 Windows Server 2019 的安全性就建立在其强大功能的基础之上，并与 Windows 10 共享了一些安全功能，如 Defender Exploit Guard 等。

（3）使用容器应用平台

随着开发人员和运营团队逐渐意识到在新模型中运营业务的好处，容器正变得越来越流行。除了在 Windows Server 2016 中所做的工作之外，微软公司将一些新技术添加到了 Windows Server 2019 中，这些技术有 Linux Containers on Windows、Windows Subsystem for Linux 和对体量更小的 Container（容器）的映像支持。

（4）超融合基础架构

如果考虑改进物理或主机服务器基础架构，就应该考虑使用超融合基础架构。这种新的部署模型允许将计算、存储和网络整合到相同的节点中，从而降低基础架构的搭建成本，同时获得更好的性能、可伸缩性和可靠性。

1.3　技能实践

Windows Server 2019 有多种安装方式，分别适用于不同的环境，选择合适的安装方式可以提高工作效率。除了全新安装外，还有升级安装、远程安装及服务器核心安装。

1.3.1　虚拟机安装

虚拟机软件有很多，本书选用 VMware Workstation。VMware Workstation 是一款市场占有率极高的虚拟机软件产品，相比于 Oracle 公司的 VirtualBox，VMware Workstation 的功能更强大，支持的操作系统更全面。相对于虚拟机而言，宿主机是物理存在的计算机。例如，在 Windows 10 的计算机上借助 VMware Workstation 配置安装一台 Windows Server 2019 虚拟机，那么该计算机将是该虚拟机的宿主机。

1.　VMware Workstation 虚拟机简介

在计算机科学中，虚拟机是指可以像物理计算机一样运行程序的计算机软件。VMware Workstation 虚拟机是一款通过软件模拟的具有完整硬件系统功能的、运行在一个完全隔离环境下的完整计算机系统。通过 VMware Workstation 虚拟机，用户可以在一台物理计算机上模拟出一台或多台虚拟机，这些虚拟机像真正的计算机那样工作，例如，可以安装 Windows Server 2019、安装应用程序、访问网络资源等。对于用户而言，VMware Workstation 虚拟机只是运行在物理计算机上的一个应用程序，但是对于在 VMware Workstation 虚拟机中运行的应用程序而言，它就是一台真正的计算机。

VMware Workstation 虚拟机软件可以在计算机平台和终端用户之间建立一种环境，终端用户基于这个环境来操作软件。

当在虚拟机中进行软件测评时，操作系统可能一样会崩溃，但是崩溃的只是虚拟机上的操作系统，而不是物理计算机上的操作系统，且使用虚拟机的快照功能可以马上使虚拟机恢复到安装软件之前的状态。

2.　VMware Workstation Pro 虚拟机安装

VMware Workstation Pro 虚拟机的安装步骤如下。

（1）下载 VMware-workstation-full-16.1.2-17966106 安装文件，双击该安装文件，进入 VMware Workstation Pro 安装主界面，如图 1.3 所示。

（2）单击"下一步"按钮，进入"最终用户许可协议"界面，勾选"我接受许可协议中的条款"复选框，如图 1.4 所示。

（3）单击"下一步"按钮，进入"自定义安装"界面，如图 1.5 所示。

（4）根据图 1.5 进行设置，完成后单击"下一步"按钮，进入"用户体验设置"界面，如图 1.6 所示。

（5）保留默认设置，单击"下一步"按钮，进入"快捷方式"界面，如图 1.7 所示。

（6）保留默认设置，单击"下一步"按钮，进入"安装 VMware Workstation Pro"界面，如图 1.8 所示。

（7）单击"安装"按钮，开始安装，进入"正在安装 VMware Workstation Pro"界面，如图 1.9 所示。

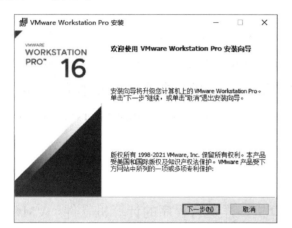

图 1.3　VMware Workstation Pro 安装主界面

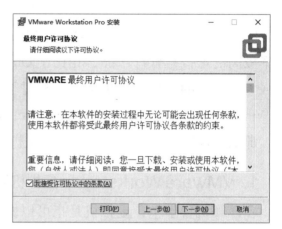

图 1.4　"最终用户许可协议"界面

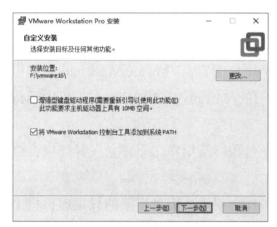

图 1.5　"自定义安装"界面

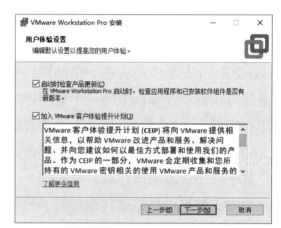

图 1.6　"用户体验设置"界面

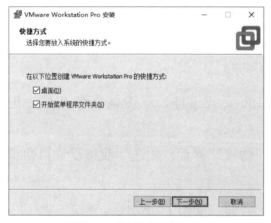

图 1.7　"快捷方式"界面

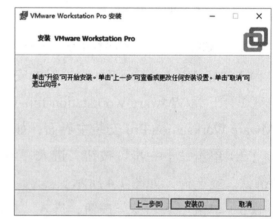

图 1.8　"安装 VMware Workstation Pro"界面

（8）安装结束后，进入安装已完成界面，如图 1.10 所示。

（9）单击"许可证"按钮，输入许可证密钥，进行注册认证，"输入许可证密钥"界面如图 1.11 所示。

（10）单击"输入"按钮，完成注册认证，弹出重新启动系统提示对话框，如图 1.12 所示，单击"是"按钮，完成 VMware Workstation Pro 虚拟机的安装。

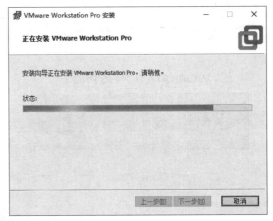

图1.9　"正在安装 VMware Workstation Pro"界面

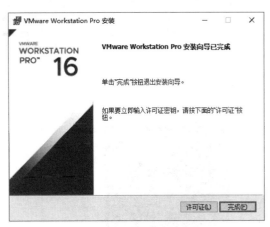

图1.10　安装已完成界面

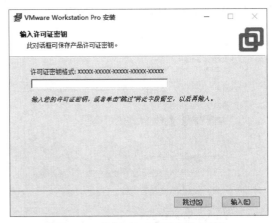

图1.11　"输入许可证密钥"界面

图1.12　重新启动系统提示对话框

1.3.2　Windows Server 2019 安装

安装网络操作系统时，计算机的 CPU 需要支持虚拟化技术（Virtualization Technology，VT）。VT 指的是让单台计算机分割出多个独立资源区，并让每个资源区按照需要模拟出系统的一种技术，它可大大提高系统资源的利用率。

本书以在 VMware 虚拟机中安装 Windows Server 2019 Datacenter 为例，下载的镜像文件为"datacenter_windows_server_2019_x64_dvd_c1ffb46c.iso"。

（1）双击桌面上的"VMware Workstation Pro"图标，如图 1.13 所示，打开 VMware Workstation Pro。

（2）此时会打开"VMware Workstation"窗口，如图 1.14 所示。

（3）选择"创建新的虚拟机"选项，弹出"新建虚拟机向导"对话框，如图 1.15 所示。

（4）选择"典型（推荐）"单选按钮，单击"下一步"按钮，进入"安装客户机操作系统"界面，选择"稍后安装操作系统"单选按钮，如图 1.16 所示。

（5）单击"下一步"按钮，进入"选择客户机操作系统"界面，选择"Microsoft Windows"单选按钮，选择版本为"Windows Server 2019"，如图 1.17 所示。

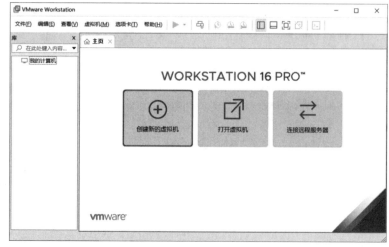

图 1.13 "VMware Workstation Pro"图标　　　　图 1.14 "VMware Workstation"窗口

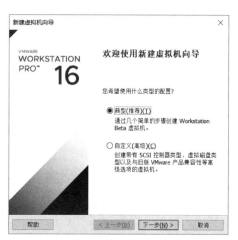

图 1.15 "新建虚拟机向导"对话框　　　　图 1.16 "安装客户机操作系统"界面

（6）单击"下一步"按钮，进入"命名虚拟机"界面，输入虚拟机名称，并设置安装位置，如图 1.18 所示。

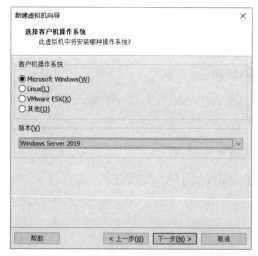

图 1.17 "选择客户机操作系统"界面　　　　图 1.18 "命名虚拟机"界面

（7）单击"下一步"按钮，进入"指定磁盘容量"界面，设置最大磁盘大小，然后选择"将虚拟磁盘拆分成多个文件"单选按钮，如图1.19所示。

（8）单击"下一步"按钮，进入"已准备好创建虚拟机"界面，如图1.20所示。

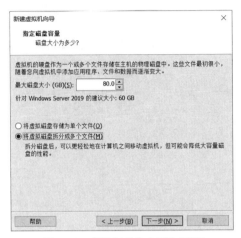

图1.19　"指定磁盘容量"界面

图1.20　"已准备好创建虚拟机"界面

（9）单击"完成"按钮，进入"Windows Server 2019-VMware Workstation"窗口，如图1.21所示。

（10）单击"编辑虚拟机设置"链接，弹出"虚拟机设置"对话框，选择"硬件"选项卡下的"内存"选项，设置内存容量，如图1.22所示。

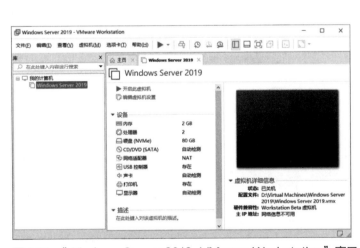

图1.21　"Windows Server 2019-VMware Workstation"窗口

图1.22　设置内存容量

（11）选择"硬件"选项卡下的"处理器"选项，设置处理器相关参数，如图1.23所示。

（12）选择"硬件"选项卡下的"硬盘（NVMe）"选项，设置硬盘相关参数，如图1.24所示。

图 1.23　设置处理器相关参数

图 1.24　设置硬盘相关参数

（13）选择"硬件"选项卡下的"CD/DVD（SATA）"选项，设置 CD/DVD（SATA）相关参数，选择"使用 ISO 映像文件"单选按钮，单击"浏览"按钮，选择下载的镜像文件（datacenter_windows_server_2019_x64_dvd_c1ffb46c.iso）目录，如图 1.25 所示。

（14）选择"硬件"选项卡下的"网络适配器"选项，设置网络适配器相关参数，如图 1.26 所示。

图 1.25　设置 CD/DVD（SATA）相关参数

图 1.26　设置网络适配器相关参数

（15）选择"硬件"选项卡下的"USB 控制器"选项，设置 USB 控制器相关参数，如图 1.27 所示。

（16）选择"硬件"选项卡下的"声卡"选项，设置声卡相关参数，如图 1.28 所示。

图 1.27　设置 USB 控制器相关参数

图 1.28　设置声卡相关参数

（17）选择"硬件"选项卡下的"打印机"选项，如图 1.29 所示。

（18）选择"硬件"选项卡下的"显示器"选项，设置显示器相关参数，如图 1.30 所示。

图 1.29　设置打印机相关参数

图 1.30　设置显示器相关参数

（19）单击"确定"按钮，返回"Windows Server 2019-VMware Workstation"窗口，并进入操作系统安装状态，如图1.31所示。

（20）按任意键进行系统安装，打开"Windows安装程序"窗口，如图1.32所示。

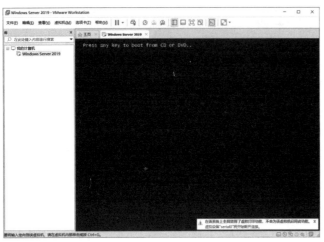 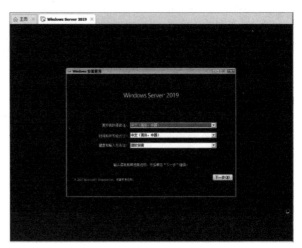

图1.31　操作系统安装状态　　　　　　　　图1.32　"Windows安装程序"窗口

（21）单击"下一步"按钮，进入"现在安装"界面，如图1.33所示。

（22）单击"现在安装"按钮，弹出"Windows安装程序"对话框，如图1.34所示。

 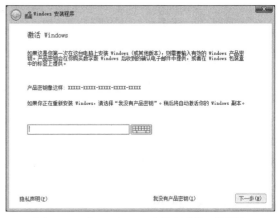

图1.33　"现在安装"界面　　　　　　　　图1.34　"Windows安装程序"对话框

（23）输入产品密钥，单击"下一步"按钮，进入"选择要安装的操作系统"界面，如图1.35所示。

（24）选择"Windows Server 2019 Datacenter（桌面体验）"选项，单击"下一步"按钮，进入"适用的声明和许可条款"界面，如图1.36所示。

（25）勾选"我接受许可条款"复选框，单击"下一步"按钮，进入"你想执行哪种类型的安装？"界面，如图1.37所示。

（26）选择"自定义：仅安装Windows（高级）"选项，进入"你想将Windows安装在哪里？"界面，如图1.38所示。

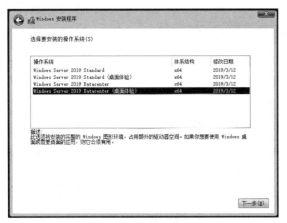

图1.35　"选择要安装的操作系统"界面

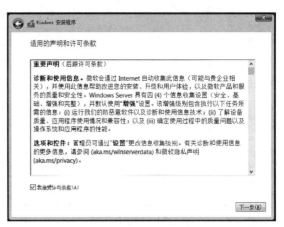

图1.36　"适用的声明和许可条款"界面

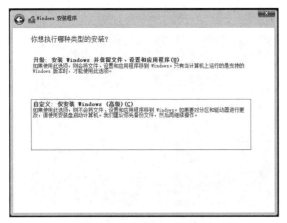

图1.37　"你想执行哪种类型的安装？"界面

图1.38　"你想将Windows安装在哪里？"界面

（27）单击"新建"按钮，设置磁盘（分区4）大小为60000MB（C:\），如图1.39所示。

（28）单击"新建"按钮，设置磁盘（分区5）大小为21304MB（D:\），如图1.40所示。

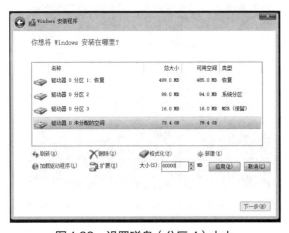

图1.39　设置磁盘（分区4）大小

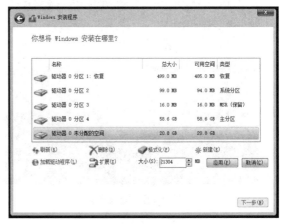

图1.40　设置磁盘（分区5）大小

（29）单击"应用"按钮，完成磁盘分区，进入分区完成界面，如图1.41所示。

（30）选择相应的分区，单击"格式化"按钮，弹出格式化分区提示对话框，如图1.42所示。

（31）单击"确定"按钮，进入"正在安装Windows"界面，如图1.43所示。

图 1.41　分区完成界面

图 1.42　格式化分区提示对话框

（32）系统安装完成后会自动重启，并进入"自定义设置"界面，如图 1.44 所示。

图 1.43　"正在安装 Windows"界面

图 1.44　"自定义设置"界面

（33）设置管理员密码，单击"完成"按钮，进入登录界面，如图 1.45 所示。

（34）输入管理员密码，进入 Windows Server 2019 操作系统桌面，如图 1.46 所示。

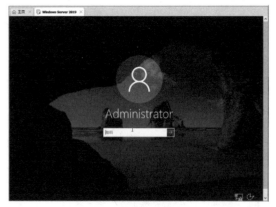

图 1.45　登录界面

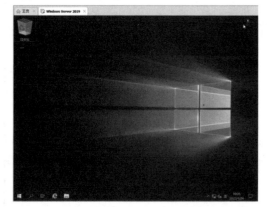

图 1.46　Windows Server 2019 操作系统桌面

1.3.3　系统克隆与快照管理

在使用虚拟机做各种实验时，初学者免不了因误操作导致系统崩溃、无法启动，或者在进行群集操作的时候需要使用多个服务器进行测试，如搭建 FTP

微课

V1.5　系统克隆与快照管理

服务器、DHCP（Dynamic Host Configuration Protocol，动态主机配置协议）服务器、DNS 服务器、Web 服务器等。搭建服务器费时费力，一旦系统崩溃、无法启动，就需要重新安装操作系统或部署多个服务器。利用系统克隆功能可以很好地解决这个问题。

1. 系统克隆

在虚拟机安装好原始的操作系统后对其进行克隆，可以方便日后做实验，也可以避免重新安装操作系统，既方便又快捷。

（1）进入 VMware 虚拟机主界面，关闭虚拟机中的操作系统，选择要克隆的操作系统并单击鼠标右键，在弹出的快捷菜单中选择"管理"→"克隆"命令，如图 1.47 所示。

图 1.47　选择"管理"→"克隆"命令

（2）弹出"克隆虚拟机向导"对话框，如图 1.48 所示，单击"下一步"按钮，进入"克隆源"界面，如图 1.49 所示，可以选择"虚拟机中的当前状态"或"现有快照（仅限关闭的虚拟机）"单选按钮。

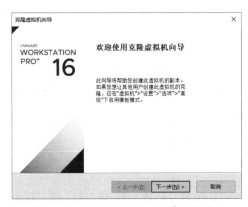

图 1.48　"克隆虚拟机向导"对话框

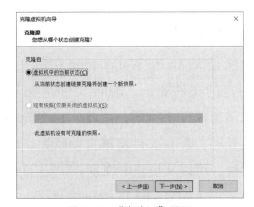

图 1.49　"克隆源"界面

（3）单击"下一步"按钮，进入"克隆类型"界面，选择"创建完整克隆"单选按钮，如图 1.50 所示。

（4）单击"下一步"按钮，进入"新虚拟机名称"界面，输入虚拟机名称，并设置虚拟机的安装位置，如图 1.51 所示。

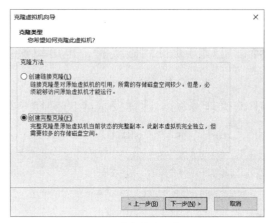

图 1.50　"克隆类型"界面

图 1.51　"新虚拟机名称"界面

（5）单击"完成"按钮，进入"正在克隆虚拟机"界面，如图 1.52 所示。

（6）克隆完成后，单击"关闭"按钮，返回 VMware 虚拟机主界面，如图 1.53 所示。

图 1.52　"正在克隆虚拟机"界面

图 1.53　VMware 虚拟机主界面

2. 快照管理

快照是 VMware Workstation 中的一个特色功能。当用户创建虚拟机快照时，会同时创建特定的文件 delta。delta 文件是在基础虚拟机磁盘格式（Virtual Machine Disk Format，VMDK）上的变更位图，因此，它不能增长到比 VMDK 还大。当快照被删除或在快照管理中被恢复时，delta 文件将被自动删除。快照可以将当前的运行状态保存下来，当系统出现问题的时候，可以从快照中恢复。

（1）进入 VMware 虚拟机主界面，启动虚拟机中的操作系统，选择用户要进行快照保存的操作系统并单击鼠标右键，在弹出的快捷菜单中选择"快照"→"拍摄快照"命令，如图 1.54 所示。

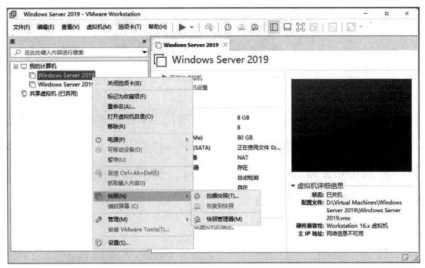

图1.54　选择"快照"→"拍摄快照"命令

（2）在弹出的对话框中输入系统快照名称，如图 1.55 所示，单击"拍摄快照"按钮，返回 VMware 虚拟机主界面，系统快照拍摄完成，如图 1.56 所示。

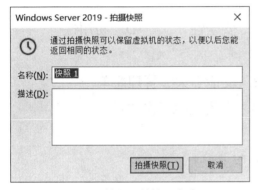

图1.55　输入系统快照名称

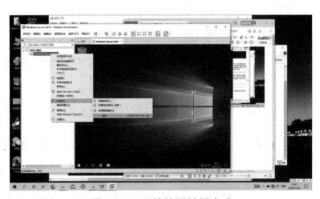

图1.56　系统快照拍摄完成

课后实训

某学校的学生学习配置虚拟机和虚拟机组网后，打算在实验室的主机上安装 VMware 虚拟机并创建 3 台 Windows Server 2019 虚拟机，实现以下目标。

（1）安装 VMware 虚拟机，并在虚拟机中安装 Windows Server 2019。

（2）对 Windows Server 2019 进行系统克隆与快照管理，创建两台 Windows Server 2019 虚拟机。

（3）配置桌面及网络环境，更改服务器的名称，分配服务器的 IP 地址段为 192.168.100.0/24、网关地址为 192.168.100.254/24，首选 DNS 服务器的 IP 地址为 192.168.100.100/24，关闭防火墙。

（4）实现同一台宿主机上 3 台虚拟机的网络互通，使用 ping 命令进行测试。

（5）实现宿主机与 3 台虚拟机之间的网络互通，使用 ping 命令进行测试。

课后习题

1. 选择题

（1）【单选】安装 Windows Server 2019 服务器时，计算机的内存大小至少为（　　）。

  A. 1GB   B. 2GB   C. 4GB   D. 8GB

（2）【单选】安装 Window Serve 2019 服务器时，计算机的硬盘空间至少为（　　）。

  A. 8GB   B. 16GB   C. 32GB   D. 64GB

（3）【多选】网络操作系统的特点有（　　）。

  A. 支持多任务、多用户管理   B. 支持远程网络管理

  C. 支持大内存   D. 图形用户界面

（4）【多选】网络操作系统的基本功能有（　　）。

  A. 共享资源管理 B. 网络通信   C. 网络服务 D. 分布式服务

（5）【多选】网络操作系统的选用原则有（　　）。

  A. 标准化   B. 可靠性   C. 安全性   D. 易用性

（6）【多选】Windows Server 2019 的特点有（　　）。

  A. 超越虚拟化   B. 功能强大、管理简单

  C. 跨越云端的应用体验   D. 现代化的工作方式

（7）【多选】Windows Server 2019 的版本包括（　　）。

  A. Windows Server 2019 Datacenter（数据中心版）

  B. Windows Server 2019 Essentials（精华版）

  C. Windows Server 2019 Standard（标准版）

  D. 以上都不是

2. 简答题

（1）简述网络操作系统的特点。

（2）简述网络操作系统的基本功能。

（3）简述网络操作系统的发展阶段。

（4）简述网络操作系统的选用原则。

（5）简述常见的网络操作系统的特点。

（6）简述 Windows Server 2019 的特点。

（7）简述 Windows Server 2019 的最低安装要求。

（8）简述 Windows Server 2019 的新增功能。

第2章

活动目录配置管理

本章主要讲解活动目录的基础知识和技能实践等，包括活动目录概述、活动目录的物理结构、工作组模式与域模式、活动目录的安装、将客户端加入活动目录、创建子域等相关内容。

学习目标

【知识目标】
· 理解活动目录的基础知识。
· 掌握活动目录的物理结构以及工作组模式与域模式。

【能力目标】
· 掌握活动目录的安装。
· 掌握将客户端加入活动目录的操作方法。
· 掌握创建子域的方法。

【素养目标】
· 培养工匠精神，要求做事严谨、精益求精、着眼细节、爱岗敬业。
· 树立团队互助、合作进取的意识。

2.1 活动目录的基础知识

活动目录（Active Directory，AD）是面向 Windows Server 网络操作系统的非常重要的目录服务。目录服务有两方面的内容，即目录、与目录相关的服务。活动目录是 Windows Server 2019 的核心组件之一，为用户管理网络环境的各个组成要素的标识和关系提供了一种有力的手段。

微课

V2.1 活动目录的基础知识

2.1.1 活动目录概述

活动目录存储了有关网络对象的信息，包括用户账户、组、共享文件夹等，这些数据被存储在目录服务数据库中，管理员和用户能够轻松地查找和使用。活动目录使用了一种结构化的数据存储方式，并以此作为基础对目录信息进行合乎逻辑的分层组织。活动目录具有可扩展、可伸缩等特点，与域名系统（Domain Name System，DNS）集成在一起，可基于策略进行管理。

Windows 通过活动目录组件来实现目录服务，活动目录将网络中的各种资源组合起来，并进行集中管理，方便对网络资源的检索，使企业可以轻松地管理复杂的网络环境。

1. 活动目录服务提供的功能

Windows Server 2019 的活动目录服务包括活动目录权限管理服务（Active Directory Rights Management Services，AD RMS）、活动目录联合服务（Active Directory Federation Services，AD FS）、活动目录轻型目录服务（Active Directory Lightweight Directory Services，AD LDS）、活动目录域服务（Active Directory Domain Services，AD DS）和活动目录证书服务（Active Directory Certificate Services，AD CS）。

AD RMS 帮助保护信息，防止未授权使用。AD RMS 将建立用户标记，并为授权用户提供受保护的信息许可证。

AD FS 提供简单、安全的联合身份验证和 Web 单点登录（Single Sign On，SSO）功能。AD FS 提供的联合身份验证功能启用基于浏览器的 Web 单点登录。

AD LDS 为应用程序特定的数据以及启用目录的应用程序（不需要 AD DS 基础架构）提供存储功能。一个服务器上可以存在多个 AD LDS 实例，其中每个实例都可以有自己的架构。

AD DS 存储有关网络中的对象的信息，并向用户和网络管理员提供这些信息。AD DS 使用域控制器，向网络用户授予通过单个登录进程访问网络中任意位置的资源的权限。

AD CS 用于创建证书颁发机构和提供相关角色服务，从而允许用户颁发和管理各种应用程序的使用证书。

活动目录服务能提供的功能如下。

（1）服务器及客户端计算机管理功能：管理服务器及客户端计算机账户，所有服务器及客户端计算机账户都加入域管理并实施组策略。

（2）用户服务管理功能：管理用户域账户、用户信息、企业通讯录（与电子邮件系统集成）、用户组、用户身份认证、用户授权等。

（3）资源管理功能：管理网络中的打印机、文件共享服务等网络资源。

（4）基础网络服务支撑功能：包括 DNS、Windows 网络名称服务（Windows Internet Name Service，WINS）、DHCP、证书服务等。

（5）策略配置功能：系统管理员可以通过活动目录集中配置客户端策略，如界面功能的限制、应用程序执行特征限制、网络连接限制、安全配置限制等。

2. 活动目录的基本概念

典型的活动目录结构如图 2.1 所示。

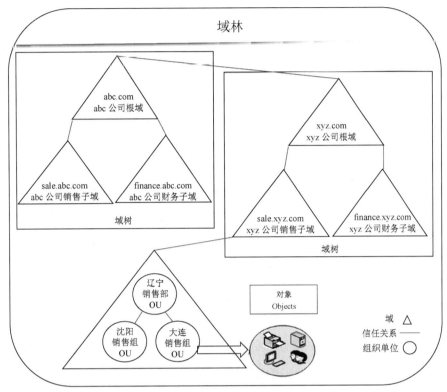

图 2.1 典型的活动目录结构

活动目录的基本概念如下。

（1）对象和属性。活动目录以对象为基本单位，采用层次结构来组织管理对象。AD DS 内的资源以对象的形式存在。对象包括网络中的各项资源，如用户、服务器、计算机、打印机和应用程序等。对象是通过属性来描述其特征的，也就是说，对象本身是一些属性的集合。例如，要为用户建立一个账号，需要建立一个对象类型（Object Class）属于用户的对象，并在此对象内保存相应的姓名、密码和描述信息等，其中的用户账号就是对象，而姓名、密码和描述信息等就是该对象的属性。

（2）域。域（Domain）是活动目录的基本单位和核心单元，是活动目录的分区单位。域是在 Windows NT/2012/2016/2019 网络环境中组建客户端 / 服务器网络的实现方式，是由网络管理员定义的一组计算机集合，它实际上就是一个网络。在这个网络中，至少有一台称为域控制器（Domain Controller，DC）的计算机充当服务器。域控制器中保存整个网络的用户账号及目录数据库，即活动目录。管理员可以修改活动目录的配置来实现对网络的管理和控制，如管理员可以在活动目录中为每个用户创建域用户账号，使其可登录域并访问域的资源。同时，管理员也可以控制所有网络用户的行为，如控制用户能否登录、在什么时间登录、登录后能执行哪些操作等。而域中的客户计算机要想访问域的资源，就必须先加入域，并使用管理员为其创建的域用户账号登录域，同时它必须接受域的控制和管理。构建域后，域可以对整个网络实施集中控制和管理。一般一个组织机构就可以构成一个域，图 2.1 中，代表 xyz 公司的 xyz.com 就是一个域。

（3）组织单位。组织单位（Organization Unit，OU）将域进一步划分，以便于管理。组织单位是可将用户、组、计算机和其他组织单位放入其中的活动目录容器。每个域的组织单位层次都是独立的，组织单位不能包括来自其他域的对象。组织单位相当于域的子域，也具有层次结构，如图 2.1 所示，sale.xyz.com 域下辖的辽宁销售部就是一个组织单位。组织单位是应用组策略和委派责任的最小单位。使用组织单位后，用户可在组织单位中代表逻辑层次结构的域中创建容器，这样就可以根据组织模型来管理网络资源。可授予用户对域中某个组织单位的管理权限，组织单位的管理员不需要具有域中任何其他组织单位的管理权限。

（4）域树。当要配置一个包含多个域的网络时，应将网络配置成域树结构。如图 2.1 所示，xyz.com 域及其下辖的 sale.xyz.com 子域、finance.xyz.com 子域一起构成了一个域树。活动目录的域仍然采用 DNS 域的命名规则。在域树中，两个子域名 sale.xyz.com 和 finance.xyz.com 中包含父域的域名 xyz.com，如图 2.1 所示，因此，它们的命名空间（Naming Space，NS）是连续的，这是判断两个域是否属于一个域树的重要条件。在整个域树中，所有域共享同一个活动目录，即整个域树中只有一个活动目录，只不过这个活动目录分散地存储在不同的域中（每个域只负责存储和本域有关的数据），它们在整体上形成一个大的分布式活动目录数据库。在配置一个较大规模的企业网络时，可以将其配置为域树结构。例如，将企业总部的网络配置为根域，将各分支机构的网络配置为子域，它们在整体上形成一个目录树，以实现集中管理。

（5）域林。如果网络的规模比域树的规模大，甚至包含多个域树，就可以将网络配置成域林（也称森林）结构。域林由一个或多个域树组成，如图 2.1 所示，xyz.com 域树以及与之建立信任关系的 abc.com 域树就一起构成一个域林。域林中的每个域树都有唯一的命名空间，它们之间并不是连续的。整个域林中也存在一个根域，这个根域是域林中最先安装的域。在图 2.1 所示的域林中，因为 abc.com 是最先安装的，所以这个域是域林的根域。

（6）站点。站点由一个或多个 IP 子网组成，这些子网通过高速网络设备连接在一起。站点往往由企业的物理位置分布情况决定，可以依据站点结构配置活动目录的访问和复制拓扑关系，使网络更有效地连接，并使复制策略更合理、用户登录更快速。活动目录中的站点与域是两个完全独立的概念，一个站点中可以有多个域，多个站点也可以位于同一个域。

活动目录站点和服务可以提高大多数配置目录服务的效率，使用活动目录站点和服务来发布站点，并提供有关网络物理结构的信息，从而确定如何复制目录信息和处理服务的请求。计算机站点是根据其子网和一组已连接子网的位置指定的，子网用来为网络分组，类似于生活中使用邮政编码来划分地址。划分子网可方便地发送有关网络与目录连接的物理信息，且同一子网中计算机的连接情况通常优于不同网络中计算机的连接情况。

（7）目录分区。AD DS 数据库按逻辑分为架构目录分区（Schema Directory Partition）、配置目录分区（Configuration Directory Partition）、域目录分区（Domain Directory Partition）和应用程序目录分区（Application Directory Partition）。

架构目录分区存储整个域林中所有对象与属性的定义数据，也存储建立新对象与属性的规则。整个域林内的所有域共享一份相同的架构目录分区，它会被复制到域林中所有域的所有域控制器中。

配置目录分区存储整个 AD DS 的结构，如具体域、站点、域控制器等数据。整个域林共享一份相同的配置目录分区，它会被复制到域林中的所有域控制器中。

域目录分区存储与域有关的对象，如用户、组与计算机等。每一个域各自拥有一份域目录分区，它只会被复制到对应域内的所有域控制器中，而不会被复制到其他域的域控制器中。

一般来说，应用程序目录分区是由应用程序建立的，存储与应用程序有关的数据。例如，由 Windows Server 2019 充当 DNS 服务器时，若建立的 DNS 区域为活动目录集成区域，则它会在 AD DS 数据库内建立应用程序目录分区，以便存储该区域的数据。应用程序目录分区会被复制到域林中特定的域控制器中，而不是所有的域控制器中。

2.1.2 活动目录的物理结构

活动目录的物理结构侧重于网络的配置和优化，其 3 个重要概念是域控制器、只读域控制器和全局编录服务器。

1. 域控制器

域控制器是指安装了活动目录的 Windows Server 2019 服务器，它保存了活动目录信息的副本。域控制器管理目录信息的变化，并把这些变化复制到同一个域中的其他域控制器上，使各个域控制器上的目录信息同步。域控制器负责用户的登录以及其他与域有关的操作，如身份鉴定、目录信息查找等。一个域中可以有多个域控制器。域控制器没有主次之分，采用主机复制模式，每一个

微课

V2.2 活动目录的物理结构

域控制器都有一个可写入的目录副本，这为目录信息容错带来了无尽的好处。尽管在某个时刻，不同的域控制器中的目录信息可能有所不同，但一旦活动目录中的所有域控制器执行同步操作，所有的变化就会同步。

2. 只读域控制器

只读域控制器的 AD DS 数据库只可以被读取，不可以被修改，也就是说，用户或应用程序无法直接修改只读域控制器的 AD DS 数据库。只读域控制器的 AD DS 数据库的内容只能够从其他可读写的域控制器中复制。只读域控制器主要给远程分公司的网络使用，因为一般来说，远程分公司的网络规模比较小、用户人数比较少，相关的安全措施或许并不如总公司完备，也可能缺乏 IT 人员，因此采用只读域控制器可避免因其 AD DS 数据库被破坏而影响整个 AD DS 环境。

3. 全局编录服务器

尽管活动目录支持多主机复制模式，但由于复制会引起通信流量以及网络潜在的冲突，变化的传播并不一定能够顺利进行，因此有必要在域控制器中指定全局编录服务器及操作主机。全局编录是一个信息仓库，包含活动目录中所有对象的部分属性——查询过程中访问最频繁的属性。利用这些信息，我们可以确定任何一个对象实际所在的位置。全局编录服务器是一个域控制器，它保存了全局编录的一个副本，并执行对全局编录的查询操作。全局编录服务器可以提高活动目录中大范围内检索对象的性能。例如，在域林中查询所有的打印机操作时，如果没有全局编录服务器，那么必须调动域林中每一个域的查询过程。如果域中只有一个域控制器，那么它就是全局编录服务器。如果域林中有多个域控制器，那么管理员必须把其中的一个域控制器配置为全局编录服务器。

2.1.3　工作组模式与域模式

企业网络中，计算机管理模式有两种，即工作组模式与域模式，它们的区别与联系如下。

微课

V2.3　工作组模式与域模式

1. 工作组模式

工作组（Work Group）是最常见、最简单、最普通的资源管理模式之一，就是将不同的计算机按功能分别列入不同的组中，以方便管理。工作组中的每台计算机的地位都是平等的。

将计算机加入工作组的方法很简单。以 Windows 10 为例，在桌面上选择"此电脑"图标并单击鼠标右键，在弹出的快捷菜单中选择"属性"命令，在"计算机名、域和工作组设置"选项组中，单击"更改设置"链接，弹出"系统属性"对话框，在"系统属性"对话框中单击"更改"按钮，弹出"计算机名/域更改"对话框，选择"工作组"单选按钮，输入要加入的工作组名称（默认为 WORKGROUP），如图 2.2 所示，单击"确定"按钮，按要求重新启动计算机后，计算机即被加入工作组。

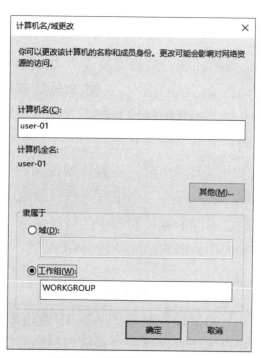

图2.2　将计算机加入工作组

2. 域模式

域是安全边界的界定，用于划分一个相互信任的区域。在域模式下，至少有一台服务器负责联入网络的每一台计算机和每一个用户的验证工作，这台服务器称为域控制器。域控制器上存储了有关网络对象的信息，这些对象包括用户、用户组、计算机、域、组织单位、文件、打印机、应用程序、服务器及安全策略等，这些信息由域控制器统一集中管理。当一台计算机联入网络时，域控制器先要验证这台计算机是否属于某个域、用户使用的登录账号是否存在及密码是否匹配。如果以上信息有一项不正确，则域控制器会拒绝用户从这台计算机登录。如果不能登录，则用户不能访问服务器上有权限保护的资源，这样就在一定程度上保护了网络中的资源。如果用户能够成功登录域，则域控制器会将配置好的权限授予用户，用户可以在合法权限范围内访问域内的资源。

在工作组模式下，计算机处于独立状态，登录用户账号和管理计算机均须在每台计算机上进行。当计算机超过 20 台时，计算机的管理将变得困难，并且要为用户创建更多的访问网络资源的账号，用户要记住多个访问不同资源的账号。

而在域模式下，用户只需记住一个域账号，即可登录并访问域中的资源。此外，管理员通过组策略可以轻松配置用户的桌面工作环境和加强计算机的安全设置，域模式下所有的域账号信息都保存在域控制器的活动目录数据库中。

活动目录协助中大型组织为用户提供可靠的工作环境，它提供极高的可靠性和效能，让用户尽可能有效地将其工作做好，并提供安全的环境让 IT 人员可以更容易地工作。使用活动目录是因为有许多应用程序和服务之前使用不同的用户名和密码，并由每个应用程序来单独管理。例如，在 Windows 中，网络、邮箱、远程访问、业务系统等都有自己的用户名和密码。使用活动目录之后，系统管理员可以将用户加入活动目录域，使用同一目录进行单点登录。一旦用户登录 Windows，其域的用户名和密码就是钥匙，可自动解锁所有已启用的应用程序或服务，包括 Windows 融合式验证的第三方应用程序。

通过建立用户账号、邮箱和应用程序之间的连接，活动目录简化了新增、修改和删除用户账号的工作。当员工离职或信息发生改变时，在活动目录中进行一次变更即可变更所有应用程序和服务的相关信息，即当用户在活动目录中变更其密码时，他们不必记住其他应用程序的不同密码。当建立"销售组"用户组时，用户发送电子邮件给该组即可将电子邮件传送到该组中所有的用户，系统管理员可以根据组名对资源进行安全存取。活动目录统一管理带来的好处还体现在其他许多方面。

（1）提高工作效率，增加产能。IT 管理人员不必到每个客户端上进行操作，用户不必中断工作。

（2）减少 IT 系统管理的负担。IT 管理人员不需要花费时间到每台计算机上安装软件或更新软件，可以使用组策略进行批量安装或更新。

（3）改善容量以便将停机概率降到最小，加强安全性管理；对密码策略、软件配置、安全设置进行统一管理，安全性高。

（4）单点登录使用与活动目录集成的应用的功能。

3. 工作组模式和域模式的对比

工作组模式和域模式的对比如表 2.1 所示。

表 2.1　工作组模式和域模式的对比

项目	工作组模式	域模式
登录	只支持本地存在的用户，进行本地验证	本地账号、域账号均可；域用户在域控制器中统一验证；可实现活动目录集成业务的单点登录
密码更改	只能在本地由本地管理员或账户本身进行更改	在域控制器上统一更改，不必到客户端操作
权限	只负责本机权限，权限丢失后找回步骤烦琐，账号、密码有泄露风险	集中修改；以组的方式批量管理，可临时授予权限；统一密码策略，安全性高
文件共享	每个人都要使用同一账号连接或者在每台机器上创建账号	分配到对应组即可。用户只要存在于对应组，即可使用自身密码进行访问
文件权限	同一工作组具有同一权限	细分（只读、修改、删除）
桌面环境	单独配置	统一配置
组策略	无	可使用组策略，统一配置管理客户端，且在用户出现问题或需要做配置变更时，管理员可在域上配置，用户不需要中断工作
软件配置	单独安装、管理	统一配置，降低故障率

2.2　技能实践

在 Windows Server 2019 上安装活动目录时，必须由网络管理员进行相应的设置，且需要满足如下条件。

（1）必须有一个静态 IP 地址，如 192.168.100.100/24，本书如无特殊说明，均使用此地址进行相关配置。

（2）管理员账号使用强密码管理体系。

（3）已从 Windows 安装最新的安全更新程序。

（4）安装活动目录时，登录用户必须有管理员组权限（Administrators）。

（5）域名符合 DNS 规范，如 xyz.com。

（6）有相应的 DNS 服务器的支持，用于解析域名，且当前服务器的 TCP/IP 设置中的 DNS 服务器的 IP 地址需要配置为该 DNS 服务器的 IP 地址。

（7）必须有足够大的空闲磁盘空间，用于放置存储域公共文件服务器副本的共享文件夹。

2.2.1 活动目录的安装

先安装 Windows Server 2019 服务器的活动目录，再将其升级为域控制器并建立域，相关操作如下。

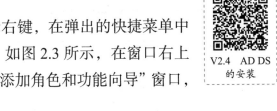

微课

V2.4 AD DS 的安装

1. AD DS 的安装

（1）在桌面上选择"此电脑"图标并单击鼠标右键，在弹出的快捷菜单中选择"管理"命令，打开"服务器管理器"窗口，如图 2.3 所示，在窗口右上角选择"管理"→"添加角色和功能"命令，打开"添加角色和功能向导"窗口，如图 2.4 所示。

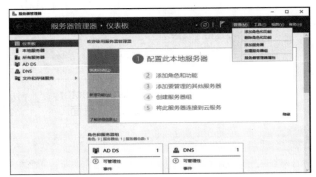

图 2.3 "服务器管理器"窗口

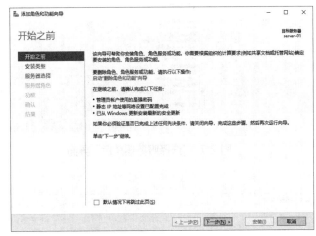

图 2.4 "添加角色和功能向导"窗口

（2）单击"下一步"按钮，进入"选择安装类型"界面，如图 2.5 所示。选择"基于角色或基于功能的安装"单选按钮，通过添加角色、角色服务或功能来配置单个服务器，单击"下一步"按钮，进入"选择目标服务器"界面，如图 2.6 所示。

（3）选择"从服务器池中选择服务器"单选按钮，在服务器池中选择相应的服务器，单击"下一步"按钮，进入"选择服务器角色"界面，如图 2.7 所示。选择要安装在所选服务器上的一个或多个角色，在"角色"列表框中勾选"Active Directory 域服务"复选框，打开"添加 Active Directory 域服务 所需的功能？"界面，如图 2.8 所示。

（4）勾选"包括管理工具（如果适用）"复选框，单击"添加功能"按钮，返回"选择服务器角色"界面，单击"下一步"按钮，进入"选择功能"界面，如图 2.9 所示。单击"下一步"按钮，进入"Active Directory 域服务"界面，如图 2.10 所示。

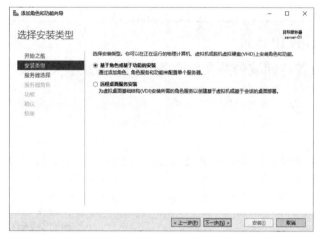

图2.5　"选择安装类型"界面

（右图对应图2.6）

图2.6　"选择目标服务器"界面

图2.7　"选择服务器角色"界面

图2.8　"添加Active Directory
域服务所需的功能？"界面

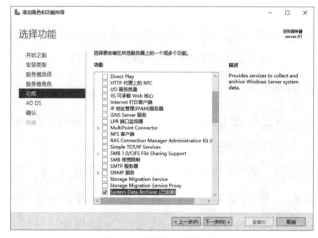

图2.9　"选择功能"界面

图2.10　"Active Directory域服务"界面

（5）单击"下一步"按钮，进入"确认安装所选内容"界面，如图2.11所示，单击"安装"按钮，进入"安装进度"界面，如图2.12所示。

（6）安装完成后，单击"关闭"按钮，返回"服务器管理器"窗口，进入"服务器管理器 AD DS"界面，如图 2.13 所示。选择该界面右上角的"更多"选项，打开"所有服务器任务详细信息"窗口，如图 2.14 所示。

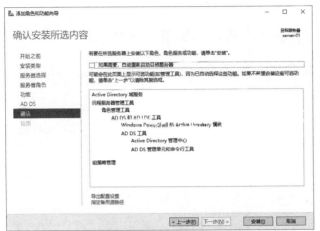

图 2.11 "确认安装所选内容"界面

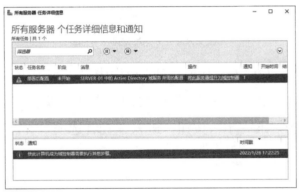

图 2.12 "安装进度"界面

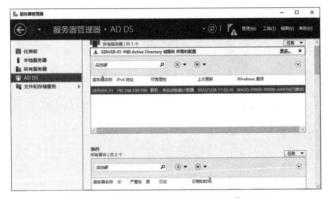

图 2.13 "服务器管理器 AD DS"界面

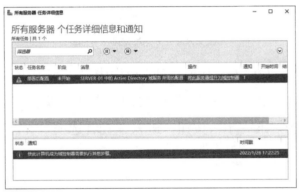

图 2.14 "所有服务器 任务详细信息"窗口

（7）单击"操作"列下的"将此服务器提升为域控制器"链接，打开"Active Directory 域服务配置向导"窗口，如图 2.15 所示。在"部署配置"界面中，选择"添加新林"单选按钮，在"指定此操作的域信息"选项组中设置"根域名"为"abc.com"，单击"下一步"按钮，进入"域控制器选项"界面，如图 2.16 所示。

图 2.15 "Active Directory 域服务配置向导"窗口

图 2.16 "域控制器选项"界面

（8）选择新林和根域的功能级别。设置不同的域功能级别主要是为了兼容不同平台的网络用户和子域控制器，在此只能设置其为"Windows Server 2016"版本的域控制器。指定域控制器功能并输入目录服务还原模式密码，单击"下一步"按钮，进入"DNS 选项"界面，如图 2.17 所示，单击"下一步"按钮，进入"其他选项"界面，如图 2.18 所示。

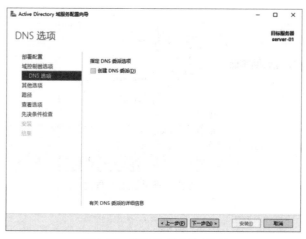
图 2.17　"DNS 选项"界面

图 2.18　"其他选项"界面

（9）在"其他选项"界面中输入 NetBIOS 域名，单击"下一步"按钮，进入"路径"界面，如图 2.19 所示。指定 AD DS 数据库文件夹、日志文件文件夹和 SYSVOL 文件夹的位置，单击"下一步"按钮，进入"查看选项"界面，如图 2.20 所示。

图 2.19　"路径"界面

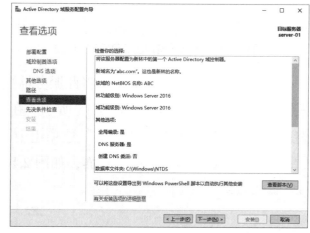
图 2.20　"查看选项"界面

（10）检查设置的相关信息，单击"下一步"按钮，进入"先决条件检查"界面，如图 2.21 所示，查看相关结果，单击"安装"按钮，完成 Active Directory 域服务配置。

2. 验证 AD DS 的安装

AD DS 安装完成后，可以在域控制器 server-01 上进行以下几个方面的验证。

（1）Windows Server 2019 服务器启动时，可以查看登录界面的用户名是否变为 ABC\

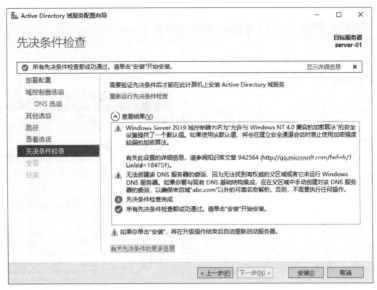

图 2.21 "先决条件检查"界面

Administrator，如图 2.22 所示。

（2）进入操作系统桌面，在"开始"菜单中选择"Windows 管理工具"命令，可以查看 "Active Directory 管理中心""Active Directory 用户和计算机""Active Directory 域和信任关系""Active Directory 站点和服务"命令，如图 2.23 所示。

图 2.22 登录界面

图 2.23 "开始"菜单

（3）在操作系统桌面上选择"此电脑"图标并单击鼠标右键，在弹出的快捷菜单中选择 "属性"命令，打开"系统"窗口，在"计算机名、域和工作组设置"选项组中可以看到计算机全名为 server-01.abc.com，域为 abc.com，如图 2.24 所示。

（4）在操作系统桌面上选择"此电脑"图标并单击鼠标右键，在弹出的快捷菜单中选择 "管理"命令，打开"服务器管理器"窗口，选择"AD DS"选项，可以查看 AD DS 的相关信息，如图 2.25 所示。

图 2.24　"系统"窗口

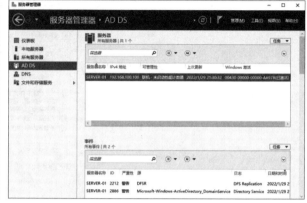

图 2.25　AD DS 的相关信息

2.2.2　将客户端加入活动目录

当网络中的第一台域控制器创建完成后，对应服务器将扮演域控制器的角色，而其他主机需要加入活动目录作为域内成员接受域控制器的集中管理。将客户端加入活动目录可以通过在客户端上手动配置或者使用脚本文件来完成。为了使活动目录对客户端进行统一管理，需要配置客户端处于域模式。下面以 Windows 10 客户端（192.168.100.10/24）加入域 abc.com（192.168.100.100/24）为例进行介绍。

（1）配置 Windows 10 客户端的 IP 地址、子网掩码、网关地址、DNS 服务器的 IP 地址等相关信息，如图 2.26 所示。测试客户端与域控制器的联通性，如图 2.27 所示。使用命令测试客户端能否正常解析域名 abc.com，如图 2.28 所示。

（2）将客户端（win10-user01）加入域 abc.com 中。在客户端桌面上选择"此电脑"图标并单击鼠标右键，在弹出的快捷菜单中选择"属性"命令，单击"更改设置"链接，弹出"计算机名 / 域更改"对话框，在"隶属于"选项组中的"域"单选按钮下方的文本框中，输入该客户端所要加入的域名（abc.com），如图 2.29 所示。

（3）单击"确定"按钮，弹出"Windows 安全中心"对话框，如图 2.30 所示，输入有权限加入 abc.com 域的账户名称和密码（Windows Server 2019 域的用户名称和密码），单击"确定"按钮，弹出有"欢迎加入 abc.com

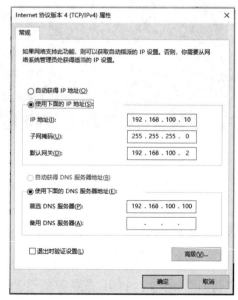

图 2.26　配置客户端的 IP 地址等相关信息

域。"提示信息的对话框，如图 2.31 所示。

图 2.27　测试客户端与域控制器的联通性

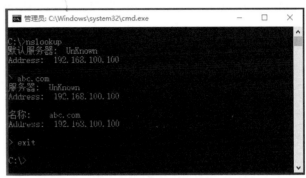

图 2.28　测试客户端能否正常解析域名 abc.com

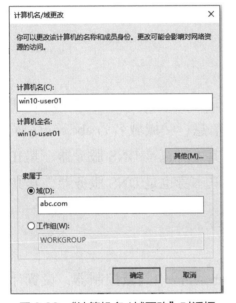

图 2.29　"计算机名 / 域更改"对话框

图 2.30　"Windows 安全中心"对话框　图 2.31　有"欢迎加入 abc.com 域。"提示信息的对话框

（4）单击"确定"按钮，系统重新启动，启动完毕后会发现系统登录界面发生了变化，即进入域模式登录界面，如图 2.32 所示。选择"其他用户"选项进行登录，登录系统后，再次打开"系统"窗口，可以看到该计算机已经处于域模式，如图 2.33 所示。

图 2.32　域模式登录界面

图 2.33　"系统"窗口

（5）在 Windows Server 2019 域控制器上通过"Active Directory 用户和计算机"窗口的 Computers 文件夹也能查看客户端（win10-user01）已经加入域 abc.com 中，如图 2.34 所示。

图 2.34　查看域内计算机

2.2.3　创建子域

创建子域之前，需要设置域中父域控制器和子域控制器的 TCP/IP 属性，手动指定其 IP 地址、子网掩码、默认网关和 DNS 服务器的 IP 地址等相关信息，父域域名为 abc.com，子域域名为 lncc.abc.com。父域的域控制器主机名为 server-01，其本身也是 DNS 服务器，其 IP 地址为 192.168.100.100/24。子域的域控制器主机名为 DC1，其本身也是 DNS 服务器，其 IP 地址为 192.168.100.101/24。

1.　创建子域 DC1

（1）在计算机 DC1 上安装 AD DS，使其成为子域 lncc.abc.com 中的域控制器，设置计算机 DC1 的名称，如图 2.35 所示。设置计算机的 IP 地址等相关信息，如图 2.36 所示。

图 2.35　设置计算机 DC1 的名称

图 2.36　设置计算机的 IP 地址等相关信息

（2）在桌面上选择"此电脑"图标并单击鼠标右键，在弹出的快捷菜单中选择"管理"

命令，打开"服务器管理器"窗口。在该窗口右上角选择"管理"→"添加角色和功能"命令，打开"添加角色和功能向导"窗口，安装 AD DS。当进入"部署配置"界面时，选择"将新域添加到现有林"单选按钮，单击"<未提供凭据>"后面的"更改"按钮，弹出"Windows 安全中心"对话框，在其中输入有权限的用户名 abc\administrator 及其密码，如图 2.37 所示。

（3）单击"确定"按钮，返回"部署配置"界面，选择或输入父域名 abc，输入新域名 lncc（注意，不是 lncc.abc.com），如图 2.38 所示。

图 2.37 部署操作的凭据　　　　　　　　　　　图 2.38 设置域名

（4）单击"下一步"按钮，进入"域控制器选项"界面，如图 2.39 所示，在"指定域控制器功能和站点信息"选项组中，默认勾选"域名系统（DNS）服务器"复选框，在"键入目录服务还原模式（DSRM）密码"选项组中输入密码。

（5）单击"下一步"按钮，进入"DNS 选项"界面，如图 2.40 所示。

图 2.39 "域控制器选项"界面　　　　　　　　　图 2.40 "DNS 选项"界面

（6）单击"下一步"按钮，进入"其他选项"界面，在此设置 NetBIOS 域名，如图 2.41 所示。其他安装步骤与安装 AD DS 的步骤一样，这里不赘述。安装完成后，系统会自动重新启动。

2. 创建子域过程中遇到的问题及解决方案

（1）在创建子域的过程中，"部署配置"界面会出现"无法使用指定的凭据登录到该域。请提供有效凭据，然后重试。"提示信息，如图 2.42 所示。

图 2.41 "其他选项"界面

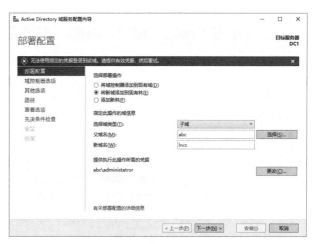

图 2.42 "部署配置"界面出现的提示信息

出现以上提示信息时，首先检查网络的 IP 地址、子网掩码、网关 IP 地址、DNS 服务器的 IP 地址等相关信息，然后测试网络的联通性。这里父域控制器（abc.com）的主机名为 server-01，其 IP 地址为 192.168.100.100/24，网关地址为 192.168.100.2/24，DNS 服务器的 IP 地址为 114.114.114.114；子域控制器（lncc.abc.com）的主机名为 DC1，其 IP 地址为 192.168.100.101/24，网关地址为 192.168.100.2/24，DNS 服务器的 IP 地址为 192.168.100.100（需要注意的是，子域的 DNS 服务器的 IP 地址为父域控制器的 IP 地址）。

（2）在创建子域的过程中，"结果"界面会出现"尝试将此计算机配置为域控制器时出错"提示信息，如图 2.43 所示。

图 2.43 "结果"界面出现的提示信息

出现以上提示信息时，可以看到"指定的域已存在。"信息，这是因为计算机的 SID 的问题。SID 是标识用户、组和计算机账户唯一的号码，在第一次创建账户时，账户将获得一个唯一的 SID。

创建域活动目录的时候，为了方便而直接复制了虚拟机，因为是复制的虚拟机，所以其 SID 是一样的。在域控制器 server-01 与域控制器 DC1 上，分别使用命令 whoami /user 查看当前的用户名和 SID 信息，如图 2.44 和图 2.45 所示，可以看到两台域控制器的 SID 是一样的，所以要想解决这个问题应当修改 SID。

图 2.44 域控制器 server-01 的用户名和 SID 信息

图 2.45 域控制器 DC1 的用户名和 SID 信息

修改 SID 的方法有两种：一种是不复制虚拟机，直接全新安装；另一种是使用系统自带的 Sysprep 工具，重新初始化系统，操作过程如下。

在子域控制器服务器上，按"Win+R"组合键，弹出"运行"对话框，如图 2.46 所示，输入"sysprep"命令，单击"确定"按钮，可以看到 sysprep.exe 执行文件，如图 2.47 所示。

图 2.46 "运行"对话框

图 2.47 sysprep.exe 执行文件

双击 sysprep.exe 执行文件，弹出"系统准备工具 3.14"对话框，如图 2.48 所示，勾选"通用"复选框，设置相关选项，单击"确定"按钮，重新启动域控制器 DC1，完成 SID 的修改。再次使用命令 whoami /user 查看当前的用户名和 SID 信息，可以看到当前的用户名和 SID 都与以前的不一样，已经全部修改完成，如图 2.49 所示。

图 2.48 "系统准备工具 3.14"对话框

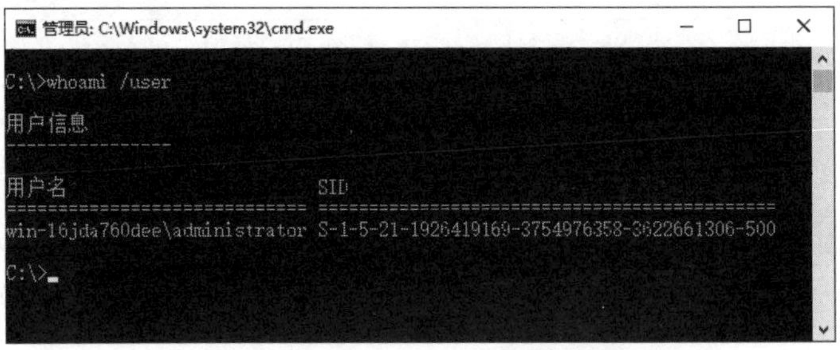

图 2.49 域控制器 DC1 当前的用户名和 SID 信息

3. 验证创建的子域

（1）重新启动域控制器 DC1 后，以管理员身份登录到子域中，在桌面上选择"此电脑"图标并单击鼠标右键，在弹出的快捷菜单中选择"属性"命令，打开"系统"窗口，在"计算机名、域和工作组设置"选项组中可以看到计算机全名为 DC1.lncc.abc.com，域为 lncc.abc.com，如图 2.50 所示。

图 2.50 "系统"窗口

（2）在域控制器 DC1 上，在"开始"菜单中选择"Windows 管理工具"→"Active Directory 用户和计算机"命令，打开"Active Directory 用户和计算机"窗口，可以看到 lncc.abc.com 子域，如图 2.51 所示。

图 2.51 "Active Directory 用户和计算机"窗口

（3）在域控制器 DC1 上，在"开始"菜单中选择"Windows 管理工具"→"DNS"命令，打开"DNS 管理器"窗口，可以看到子域 lncc.abc.com，如图 2.52 所示。

（4）在域控制器 SERVER-01 上，在"开始"菜单中选择"Windows 管理工具"→"DNS"命令，打开"DNS 管理器"窗口，可以看到域 abc.com，如图 2.53 所示。

图 2.52 子域 lncc.abc.com

图 2.53 域 abc.com

4. 验证父子信任关系

前面已经构建了 abc.com 及其子域 lncc.abc.com，而子域和父域的双向、可传递的信任关系是在安装域控制器时就自动建立起来的，同时域林中的信任关系是可传递的，因此同一域林中的所有域都显式或者隐式地相互信任。

（1）在域控制器 SERVER-01 上，以域管理员身份登录，在"开始"菜单中选择"Windows 管理工具"→"Active Directory 域和信任关系"命令，打开"Active Directory 域和信任关系"窗口，在此可以对域之间的信任关系进行管理，如图 2.54 所示。

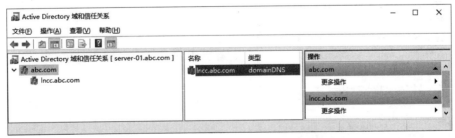

图 2.54 "Active Directory 域和信任关系"窗口

（2）在该窗口左侧选择"abc.com"节点并单击鼠标右键，在弹出的快捷菜单中选择"属性"命令，弹出"abc.com 属性"对话框，选择"信任"选项卡，如图 2.55 所示，可以看到 abc.com 和其他域的信任关系。该对话框的上部列出的是 abc.com 信任的域，表明 abc.com 信任其子域 lncc.abc.com；该对话框的下部列出的是信任 abc.com 的域，表明其子域 lncc.abc.com 信任 abc.com。也就是说，abc.com 和 lncc.abc.com 是双向信任关系。选择"lncc.abc.com"节点并单击鼠标右键，在弹出的快捷菜单中选择"属性"命令，弹出"lncc.abc.com 属性"对话框，选择"信任"选项卡，如图 2.56 所示，可以查看其信任关系。

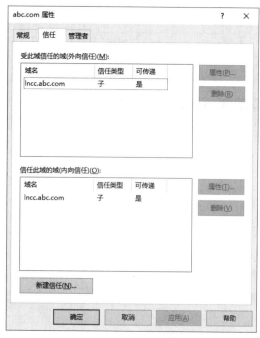

图 2.55 "abc.com 属性"对话框

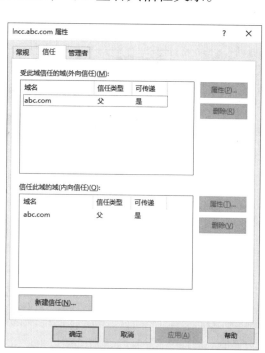

图 2.56 "lncc.abc.com 属性"对话框

5. 活动目录站点和服务

在域控制器 SERVER-01 上以域管理员身份登录，在"开始"菜单中选择"Windows 管理工具"→"Active Directory 站点和服务"命令，打开"Active Directory 站点和服务"窗口，在此可以对站点和服务进行管理，如图 2.57 所示。

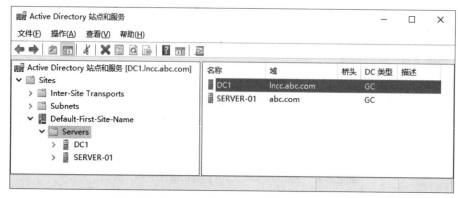

图 2.57 "Active Directory 站点和服务"窗口

课后实训

随着业务的发展，某公司现有的工作组模式的网络已经不能满足公司的业务需要，经过多方论证，公司决定使用服务器 Windows Server 2019 的域模式进行管理，构建满足公司需求的域环境，具体要求如下。

（1）创建域 abc.com，域控制器的服务器名称为 Win2019-01，其服务器的 IP 地址为 192.168.100.100/24，首选 DNS 服务器的 IP 地址为 192.168.100.100/24。

（2）创建一个子域 xyz.abc.com，域控制器的服务器名称为 Win2019-02，其服务器的 IP 地址为 192.168.100.101/24，首选 DNS 服务器的 IP 地址为 192.168.100.100/24。

（3）创建成员服务器，成员服务器的名称为 Win2019-03，其 IP 地址为 192.168.100.102/24，首选 DNS 服务器的 IP 地址为 192.168.100.100/24，建立域信任关系，并进行相关测试。

请按照上述要求做出合适的配置，以检查学习效果。

课后习题

1. 判断题

（1）域是由网络管理员定义的一组计算机集合，它实际上就是一个网络。在这个网络中，至少有一台称为域控制器的计算机充当服务器。（   ）

（2）域树的工作范围比域林的工作范围大。（   ）

（3）和工作组模式相比，域模式具有更高的安全性与可靠性。（   ）

（4）安装活动目录时必须有一个静态 IP 地址。（   ）

（5）安装活动目录时域名必须符合 DNS 规范。（   ）

（6）若直接复制虚拟机，则两台主机的 SID 是一样的。（   ）

（7）创建子域时，需要正确设置首选 DNS 服务器的 IP 地址。（   ）

（8）同一域林中的所有域都显式或者隐式地相互信任。（   ）

（9）在一台 Windows Server 2019 的计算机上安装活动目录后，计算机就会成为域控制器。（   ）

（10）在一个域中，至少有一个域控制器（服务器），也可以有多个域控制器。（   ）

2. 简答题

（1）简述活动目录服务提供的功能。

（2）简述活动目录的基本概念。

（3）简述工作组模式与域模式的特点。

第3章

用户账户和组管理

3

本章主要讲解用户账户和组基础知识、安全策略服务管理和技能实践，包括本地用户账户管理、本地组管理、域用户账户管理、域组管理、用户账户安全策略管理、常用的系统进程与服务、成员服务器上的本地用户账户和组管理以及域控制器上的用户账户和组管理等相关内容。

学习目标

【知识目标】
· 了解用户账户和组的基础知识。
· 掌握安全策略服务管理的相关内容。

【能力目标】
· 掌握配置用户账户的方法。
· 掌握配置用户组的方法。

【素养目标】
· 培养动手能力、解决实际工作问题的能力，培养爱岗敬业精神。
· 树立团队互助、合作进取的意识。

3.1 用户账户和组基础知识

在一个网络中，用户账户和计算机都是网络的主体，两者缺一不可。拥有用户账户是用户登录网络并使用网络资源的基础，因此用户账户管理和计算机管理是 Windows 网络管理中必要且经常做的工作。

域系统管理员需要为每一个域用户分别建立一个用户账户，使其可以利用账户来登录域、访问域中的资源。域系统管理员需要了解如何有效利用组，以便高效地管理资源的访问。域系统管理员可以利用 "Active Directory 管理中心" 或 "Active Directory 用户和计算机"窗口来建立与管理域用户账户。当用户利用域用户账户登录域后，便可以直接连接域内的所有成员计算机，访问有权访问的资源。换句话说，域用户在一台域成员计算机上成功登录后，要连接域内的其他成员计算机时，并不需要再登录要访问的计算机，这个功能称为单点登录。本地用户账户不具备单点登录的功能，也就是说，利用本地用户账户登录后，要连接其他计算机时，需要再次登录要访问的计算机。

在服务器升级为域控制器之前，位于本地安全数据库的本地用户账户会在服务器升级为域控制器后被转移到 AD DS 数据库中，且是被放置到 Users 容器中的，可以通过"Active Directory 用户和计算机"窗口来查看本地账户的变化情况（见图 3.1），也可以通过"Active Directory 管理中心"窗口来查看本地账户的变化情况（见图 3.2）。

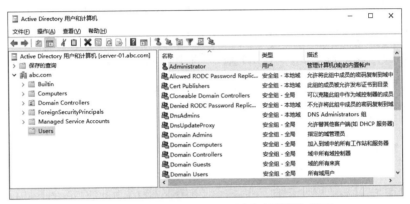

图 3.1 "Active Directory 用户和计算机"窗口

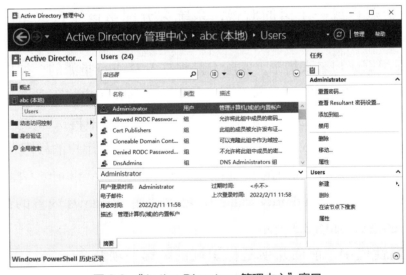

图 3.2 "Active Directory 管理中心"窗口

只有在建立域中的第一台域控制器时，对应服务器原来的本地账户才会被转移到 AD DS 数据库中，建立其他域控制器时对应服务器中的本地账户并不会被转移到 AD DS 数据库中，而会被删除。

3.1.1 本地用户账户管理

Windows Server 2019 支持两种用户账户：本地账户和域账户。本地账户只能登录到一台特定的计算机，并访问其中的资源；域账户可以登录到域，并获得访问该域的权限。

本地用户账户仅允许用户登录并访问创建该账户的计算机。当创建本地用户账户时，Windows Server 2019仅在%systemroot%\system32\config文件夹下的安全账户管理器（Security Account Manager，SAM）数据库中创建账户，如C:\Windows\System32\config\SAM。

Windows Server 2019默认有Administrator和Guest两个账户。Administrator账户可以执行计算机管理的所有操作；而Guest账户是为临时访问用户设置的，默认是禁用的。

用户账户用来记录用户的用户名和口令、隶属的组、可以访问的网络资源，以及用户的个人文件和设置等相关信息。Windows Server 2019为每个账户都提供了名称，如Administrator、Guest等，这些名称的作用是方便用户记忆、输入和使用。本地计算机中的用户账户是不允许相同的，系统内部使用SID来识别用户身份。每个用户账户都对应一个唯一的SID，SID在用户创建时由系统自动产生。系统指派权限、授予资源访问权限等都需要使用SID。

Windows NT（New Technology，新技术）是微软公司发布的桌面操作系统，于1993年7月27日发布。该操作系统适用于一部分Windows计算机，且支持多处理器系统。在Windows NT的安全子系统中，SID起什么作用呢？假设某公司有一位员工，其用户账户为admin，在离开公司后其账户被注销，此后，公司又聘请了一位同名的员工，他的账户名、密码与原来的那位员工的相同，操作系统能把他们区分开吗？他们的权限是否一样？

每当创建一个账户或一个组的时候，系统会分配给该账户或组一个唯一的SID，Windows NT中的内部进程将引用账户的SID，换句话说，Windows NT对登录的用户指派权限时，从表面上看根据账户名来指派，实际上是根据SID进行指派的。如果创建一个账户后再删除该账户，并使用相同的账户名创建另一个账户，则新账户将不具有前账户的权限，原因是即使账户被删除，它的SID仍然被保留，如果在计算机中再次添加一个相同名称的账户，则它将被分配一个新的SID。域中利用账户的SID来决定用户的权限。

一个完整的SID包括用户和组的安全描述、48位的ID Authority（授权）、修订版本、可变的验证值（Variable Sub-Authority Value）。可以使用Windows内置的命令whoami查看账户的SID等相关信息，如图3.3所示。

在SID列的属性值中，前面几项是标识域的。第一项S表示字符串是SID；第二项是SID的版本号，对于Windows NT来说，版本号是1；第三项是标识符的颁发识别机构（Identifier Authority），对于Windows NT内的账户来说，颁发机构就是Windows NT，其值是5；第四项表示子颁发机构代码，这里的值为21；其后的30位数据由计算机名、当前时间、当前用户线程的CPU耗时的总和这3个参数决定，以保证SID的唯一性；最后一项用于标识域内的账户和组，称为相对标识符（Relative Identifier，RID）。SID中，RID为500的是系统内置的Administrator账户，即使重命名，其RID也保持为500不变，因此可以通过RID找到真正的系统内置Administrator账户。SID中，RID为501的是Guest账户。在域中，从1000开始的RID代表用户账户，例如，RID为1010表示域中的第10个账户。

图3.3 账户的 SID 等相关信息

在 Windows Server 2019 操作系统桌面上选择"此电脑"图标并单击鼠标右键，在弹出的快捷菜单中选择"管理"命令，打开"计算机管理"窗口，选择"计算机管理（本地）"→"本地用户和组"→"用户"选项，可查看默认用户的账户情况，如图 3.4 所示。

图3.4 默认用户账户情况

（1）Administrator：管理计算机（域）的内置账户。

（2）DefaultAccount：系统管理的用户账户。

（3）Guest：供来宾访问计算机或访问域的内置账户。

（4）WDAGUtilityAccount：系统为 Windows Defender 应用程序防护方案提供的管理和使用的用户账户。

3.1.2 本地组管理

对用户账户进行分组管理可以更加有效并灵活地分配设置权限，以方便管理员对 Windows Server 2019 进行具体的管理。如果 Windows Server 2019 计算机被安装为成员服务器（而不是域控制器），那么它将自动创建一些本地组。如果将特定角色添加到计算机中，则将创建额外的组，用户可以执行与该组角色对应的任务。例如，如果计算机被配置为 FTP 服务器，那么将创建管理和使用 FTP 服务的本地组。

在 Windows Server 2019 操作系统桌面上选择"此电脑"图标并单击鼠标右键，在弹出的快捷菜单中选择"管理"命令，打开"计算机管理"窗口，选择"计算机管理（本地）"→"本地用户和组"→"组"选项，查看默认组情况，如图 3.5 所示。

图 3.5　默认组情况

（1）Access Control Assistance Operators：此组的成员可以远程查询计算机上资源的授权属性和权限。

（2）Administrators：此组的成员对计算机或域有不受限制的完全访问权限。

（3）Backup Operators：此组的成员可以备份或还原计算机上的文件。

（4）Certificate Service DCOM Access：允许此组的成员连接到企业中的证书颁发机构。

（5）Cryptographic Operators：授权成员执行加密操作。

（6）Device Owners：此组的成员可以更改系统范围内的设置。

（7）Distributed COM Users：此组的成员允许启动、激活和使用计算机上的分布式 COM 对象。

（8）Event Log Readers：此组的成员可以从本地计算机中读取事件日志。

（9）Guests：来宾账户和用户组的成员有同等访问权限，但来宾账户的限制更多。

（10）Hyper-V Administrators：此组的成员拥有对 Hyper-V 所有功能的完全且不受限制的访问权限。

（11）IIS_IUSRS：Internet 信息服务使用的内置组。

（12）Network Configuration Operators：此组中的成员有部分管理权限来管理网络功能的配置。

（13）Performance Log Users：此组的成员可以计划进行性能计数器日志记录、启用跟踪记录提供程序，以及在本地或通过远程访问计算机来收集事件跟踪记录。

（14）Performance Monitor Users：此组的成员可以从本地和远程访问性能计数器数据。

（15）Power Users：此组用户的权限高于普通用户的权限，低于管理员用户的权限。高级用户可以向下兼容，高级用户拥有有限的管理权限。

（16）Print Operators：此组的成员可以管理在域控制器上安装的打印机。

（17）RDS Endpoint Servers：此组中的服务器运行虚拟机和主机会话，RemoteApp 程序和个人虚拟桌面用户将在虚拟机和主机会话中运行；需要将此组填充到运行远程桌面（Remote Desktop，RD）连接代理的服务器上；在部署中使用的 RD 会话主机服务器和 RD 虚拟化主机服务器需要位于此组中。

（18）RDS Management Servers：此组中的服务器可以在运行远程桌面服务（Remote Desktop Service，远程桌面服务）的服务器上执行例程管理操作；需要将此组填充到 RDS 部署中的所有服务器上；必须将运行 RDS 中心管理服务的服务器包括到此组中。

（19）RDS Remote Access Servers：此组中的服务器使 RemoteApp 程序和个人虚拟桌面用户能够访问资源；在面向 Internet 的部署中，这些服务器通常部署在边缘网络中；需要将此组填充到运行 RD 连接代理的服务器上；在部署中使用的 RD 网关服务器和 RD Web 访问服务器需要位于此组中。

（20）Remote Desktop Users：此组的成员被授予远程登录的权限。

（21）Remote Management Users：此组的成员可以通过管理协议（例如，通过 Windows 远程管理服务实现的 Windows-Management）访问 Windows 管理界面（Windows Management Interface，WMI）资源，这仅适用于授予用户访问权限的 WMI 命名空间。

（22）Replicator：支持域中的文件复制。

（23）Storage Replica Administrators：此组的成员具有存储副本所有功能的不受限的完全访问权限。

（24）System Managed Accounts Group：此组的成员由系统管理。

（25）Users：此组的成员可防止用户进行有意或无意的系统范围的更改，但是可以运行大部分应用程序。

3.1.3 域用户账户管理

在 Windows Server 2019 中，在"开始"菜单中选择"Windows 管理工具"→"Active

Directory 用户和计算机"命令，可以进行相关的域用户账户管理操作。

Builtin 容器中包含工作组模式下的所有本地组，为文件赋予权限的时候可能会用到它，该容器的相关操作如图 3.6 所示。

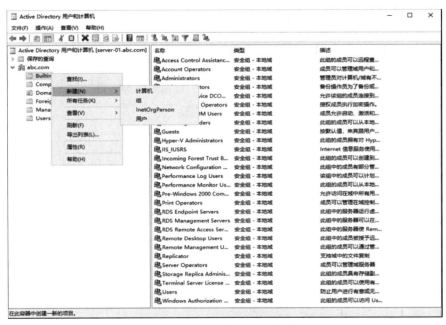

图 3.6　Builtin 容器的相关操作

Users 是默认的可以放置活动目录对象的容器，基本上除自建的组织单位之外，这个容器中的用户和组是使用得最广泛的，包括域管理员账户、域管理员组、企业管理员组等，该容器的相关操作如图 3.7 所示。

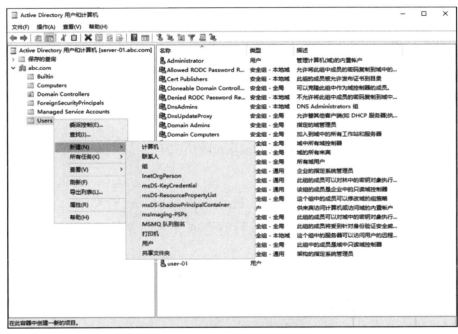

图 3.7　Users 容器的相关操作

1. 域用户账户的一般管理

域用户账户的一般管理是指添加到组、禁用账户、重置密码、移动、重命名、删除等相关操作，在"Active Directory 用户和计算机"窗口的左侧窗格中选择"Users"选项，在右侧窗格中选择想要管理的用户账户（如 Administrator）并单击鼠标右键，指定用户相关操作，如图 3.8 所示。

（1）添加到组。可以将一个用户账户添加到一个工作组中，该用户账户将拥有对应组的访问权限。

（2）禁用账户。若公司的某员工因故在一段时间内无法工作，则可以先将该员工的账户禁用，待该员工回来工作时再将其重新启用。若该用户账户已被禁用，则该用户账户的图形上会有一个向下的箭头符号（如图 3.8 所示的 Guest 账户）。

图 3.8　指定用户相关操作

（3）重置密码。当用户忘记密码或密码使用期限到期时，系统管理员可以为用户设置一个新的密码。

（4）移动。账户可以被移动到同一个域内的其他组织单位或容器中。

（5）重命名。可以对用户账户进行重命名，重命名后，该用户账户原来所拥有的权限与组关系都不会受到影响。

（6）删除。若某个用户账户以后不会再使用，则可以将此用户账户删除。将用户账户删除后，即使新建一个与原用户账户名称相同的用户账户，新用户账户也不会继承原用户账户的权限与组关系，因为系统会赋予这个新用户账户一个新的 SID，系统是利用 SID 来记录用户的权限与组关系的，对系统来说，这是两个不同的用户账户。

2. 设置域用户账户的属性

每一个域用户账户都有一些相关的属性信息，如电话号码、电子邮件、网页等，域用户可以通过这些属性来查找 AD DS 数据库内的用户账户。例如，通过电话号码来查找用户账户。因此，为了更容易地找到需要的用户账户，属性信息越完整越好。下面通过"Active Directory 用户和计算机"窗口来介绍用户账户的部分属性。双击要设置的用户账户 user-01，弹出"user-01 属性"对话框，如图 3.9 所示。

在"user-01 属性"对话框中，包含"环境""会话""远程控制""远程桌面服务配置文件""COM+""常规""地址""账户""配置文件""电话""组织""隶属于""拨入"选项卡，通过它们可以对用户账户属性进行相关设置。例如，选择"账户"选项卡，勾选"解锁账户"复选框，可以对账户进行解锁；可以对"账户选项"进行设置；在"账户过期"选项组中，可以通过选择"永不过期"或"在这之后"单选按钮来设置账户的有效期限，如图 3.10 所示。

图 3.9 "user-01 属性"对话框

图 3.10 "账户"选项卡

3.1.4 域组管理

在 Windows Server 2019 中，在"开始"菜单中选择"Windows 管理工具"→"Active Directory 用户和计算机"命令，打开"Active Directory 用户和计算机"窗口，在左侧窗格中选择"Users"选项，在右侧窗格中选择想要管理的组（如 Domain Admins）并单击鼠标右键，可以进行域组管理相关操作，如图 3.11 所示。

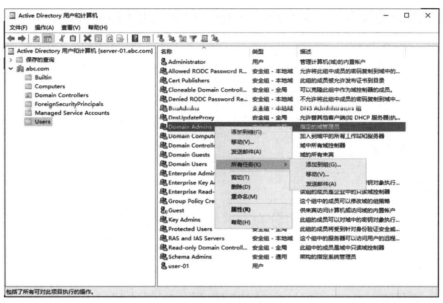

图 3.11 域组管理相关操作

1. 域内的组类型

使用组（Group）来管理用户账户，能够减轻许多网络管理的负担。针对组设置权限后，组内的所有用户账户都会自动拥有对应权限，因此不需要分别设置各个用户账户的权限。域组账户也都有唯一的 SID。使用命令 whoami /users 可查看当前用户账户的信息和 SID；使用命令 whoami /groups 可查看当前用户账户的组成员信息、账户类型、SID 和属性，如图 3.12 所示；使用命令 whoami /？可查看 whoami 命令的常见用法。

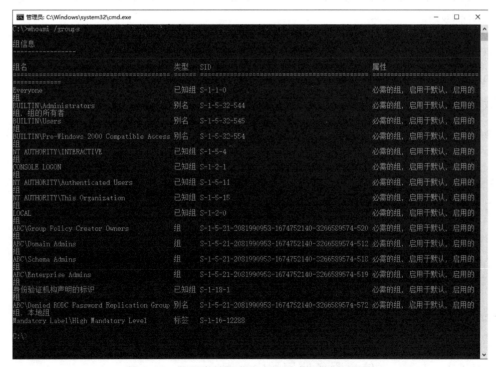

图 3.12 显示当前用户账户的组成员等相关信息

AD DS 的域组分为安全组（Security Group）和通信组（Communications Group）两种类型，它们之间可以相互转换。

（1）安全组。它可以用来分配权限，可以指定安全组对文件具备读取的权限；也可以用在与安全无关的工作中，可以给安全组发送电子邮件。

（2）通信组。它用在与安全（权限设置等）无关的工作中，可以给通信组发送电子邮件，但是无法为通信组分配权限。

2. 组作用域

从组的使用范围来看，域内的组分为本地域组（Domain Local Group）、全局组（Global Group）和通用组（Universal Group）。

（1）本地域组

本地域组主要用来分配其所属域内的访问权限，以便访问域内的资源。本地域组的成员可以包含任何一个域的用户账户、全局组、通用组，也可以包含相同域内的本地域组，但无法包含其他域内的本地域组。本地域组只能访问对应域内的资源，无法访问其他不同域内的资源。换句话说，在设置权限时，只可以设置相同域内的本地域组的权限，无法设置其他不同域内的本地域组的权限。

内置的本地域组本身已经被授予了一些权限，以便让其具备管理 AD DS 域的能力。只要将用户账户或组账户加入本地域组，这些账户就会自动具备相同的权限。

下面是 Users 容器中常用的本地域组。

① Allowed RODC Password Replication Group：允许将此组中成员的密码复制到域中的所有只读域控制器上。

② Cert Publishers：此组的成员被允许发布证书到目录。

③ Denied RODC Password Replication Group：不允许将此组中成员的密码复制到域中的所有只读域控制器上。

④ DnsAdmins：即 DNS Administrators 组（域名服务器管理员组），负责配置管理 DNS 服务器。

⑤ RAS and IAS Servers：此组中的服务器可以访问用户的远程访问属性。

下面是 Builtin 容器中常用的本地域组。

① Account Operators：此组的成员可以管理域用户账户和组账户。

② Administrators：此组的成员对计算机或域有不受限制的完全访问权限。

③ Backup Operators：此组的成员为了备份或还原文件可以替代安全限制。

④ Event Log Readers：此组的成员可以从本地计算机中读取事件日志。

⑤ Guests：来宾和用户组的成员有同等访问权，但来宾账户的限制更多。

⑥ IIS_IUSRS：Internet 信息服务使用的内置组。

⑦ Print Operators：此组的成员可以管理在域控制器上安装的打印机。

⑧ Remote Desktop Users：此组的成员被授予远程登录的权限。

⑨ Server Operators：此组的成员可以管理域服务器。

⑩ Users：此组的成员可防止用户进行有意或无意的系统范围的更改，但是可以运行大部分应用程序。

（2）全局组

全局组主要用来组织用户账户，也就是可以将多个即将被授予相同权限的用户账户加入同一个全局组内。全局组内的成员只可以包含相同域内的用户账户与全局组。全局组可以访问任何一个域内的资源，也就是说，可以在任何一个域内设置全局组的权限，这个全局组可以位于任何一个域内，以便使此全局组具备权限来访问域内的资源。

AD DS 内置的全局组本身没有任何权限，但是可以将其加入具备权限的本地域组内，或直接为其分配权限，这些内置全局组位于 Users 容器中。

① Cloneable Domain Controllers：可以复制此组中作为域控制器的成员。

② DnsUpdateProxy：允许代替其他客户端（如 DHCP 服务器）执行动态更新的 DNS 客户端。

③ Domain Admins：指定的域管理员。

④ Domain Computers：加入域中的所有工作站和服务器。

⑤ Domain Controllers：域中的所有域控制器。

⑥ Domain Guests：域的所有来宾账户。

⑦ Domain Users：所有域用户。

⑧ Group Policy Creator Owners：此组的成员可以修改域的组策略。

⑨ Key Admins：此组的成员可以对域中的密钥对象执行管理操作。

⑩ Protected Users：此组的成员将受到针对身份验证安全威胁的额外保护。

（3）通用组

通用组可以在所有域内为通用组成员分配访问权限，以便访问所有域内的资源。通用组具备所有域的特性，其成员可以包含域林中任何一个域内的用户、全局组、通用组，但是它无法包含任何一个域内的本地域组。通用组可以访问任何一个域内的资源，也就是说，可以在任何一个域内设置通用组的权限，这个通用组可以位于任何一个域内，以便让此通用组具备权限来访问域内的资源，通用组位于 Users 容器中。

① Enterprise Admins：企业的指定系统管理员。

② Enterprise Key Admins：此组的成员可以对域林中的密钥对象执行管理操作。

③ Enterprise Read-only Domain Controllers：此组的成员是企业中的只读域控制器。

④ Schema Admins：架构的指定系统管理员。

3.2 安全策略服务管理

对于网络操作系统或服务器操作系统，高性能、高可靠性和高安全性是其必备要素，日趋复杂的企业应用和 Internet 应用对操作系统提出了更高的要求，因此安全的操作系统需要对用户账户与系统安全策略服务进行必要的管理。

3.2.1 用户账户安全策略管理

随着密码破解工具的不断进步，用于破解密码的计算机也比以往更为强大，弱密码很容易被破解，强密码则难以破解。系统用户账户密码的"暴力"破解主要基于密码匹配的破解方法，其基本方法有两种：穷举法和字典法。穷举法是效率较低的方法，其将字符或数字按照穷举的规则生成字符串，进行遍历尝试。在密码稍微复杂的情况下，穷举法的破解效率很低。字典法的效率较高，其用密码字典中事先定义的常用字符尝试匹配密码。密码字典是一个很大的文本文件，可以通过自己编辑生成或者由字典工具生成，其中包含单词或者数字的组合。如果密码是单词或者简单的数字组合，那么可以很轻易地破解密码。从理论上讲，只要有足够多的时间，就可以破解任何密码，即使如此，破解强密码也远比破解弱密码困难。因此，安全的计算机需要对所有账户都使用强密码。

1. 用户账户命名规则

（1）账户名必须唯一。本地账户名在本地计算机上必须是唯一的。

（2）账户名最长不能超过 20 个字符。

（3）账户名不能包含 *、? 、|、:、=、+、<、>、\、/、[、] 等特殊符号。

2. 强密码原则

操作系统一定要给 Administrator 账户指定一个强密码，以防止他人随意使用该账户。Windows Server 2019 支持最多由 128 个字符组成的密码，其中包括以下 3 类字符。

（1）英文大小写字母。

（2）阿拉伯数字：0、1、2、3、4、5、6、7、8、9。

（3）键盘上的符号。键盘上所有未定义为字母和数字的字符，但其应为半角状态。

一般来说，强密码应该遵循以下原则。

（1）密码应该不少于 6 个字符。

（2）同时包含上述 3 种类型的字符。

（3）不包含完整的字典词汇。

（4）不包含用户名、真实姓名、生日或公司名称等。

3. 账户安全策略

增强操作系统的安全性，除启用强密码外，操作系统本身也有账户的安全策略。账户安全策略包含密码策略和账户锁定策略。在密码策略中，可以增加密码复杂度，从而提高"暴力"破解的难度，增强安全性。在账户锁定策略中，可以进行账户锁定时间、账户锁定阈值以及重置账户锁定计数器等相关操作。

可以使用以下 4 种方法打开密码策略设置窗口。

（1）在 Windows Server 2019 中，在"开始"菜单中选择"Windows 管理工具"→"本地安全策略"命令，打开"本地安全策略"窗口，选择"安全设置"→"账户策略"→"密码策略"选项，如图 3.13 所示。

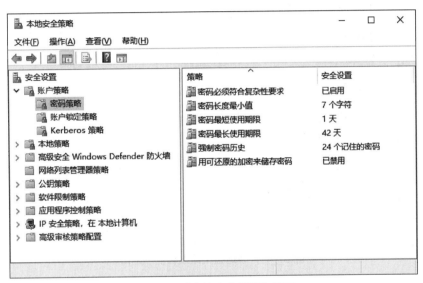

图 3.13　"本地安全策略"窗口

（2）在 Windows Server 2019 操作系统桌面上选择"此电脑"图标并单击鼠标右键，在弹出的快捷菜单中选择"管理"命令，打开"服务器管理器"窗口，选择"工具"→"本地安全策略"命令，打开"本地安全策略"窗口，选择"安全设置"→"账户策略"→"密码策略"选项，如图 3.13 所示。

（3）在 Windows Server 2019 中，按"Win+R"组合键，弹出"运行"对话框，输入"secpol.msc"命令，打开"本地安全策略"窗口，选择"安全设置"→"账户策略"→"密码策略"选项，如图 3.13 所示。

（4）在 Windows Server 2019 中，按"Win+R"组合键，弹出"运行"对话框，输入"gpedit.msc"命令，打开"本地组策略编辑器"窗口，选择"计算机配置"→"Windows 设置"→"安全设置"→"账户策略"→"密码策略"选项，如图 3.14 所示。

针对不同的企业安全需求，微软公司给出了相应的密码策略设置建议，如表 3.1 所示。

表 3.1　密码策略设置建议

密码策略	设置建议
密码必须符合复杂性要求	已启用
密码长度最小值	7 个字符
密码最短使用期限	1 天
密码最长使用期限	42 天
强制密码历史	24 个记住的密码
用可还原的加密来储存密码	已禁用

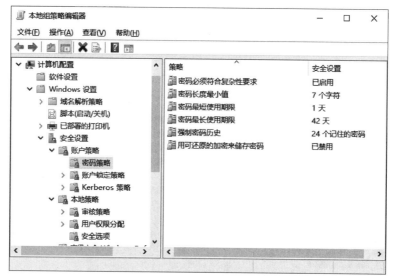

图 3.14　"本地组策略编辑器"窗口

（1）密码必须符合复杂性要求

此安全设置用于确定密码是否必须符合复杂性要求。如果启用此策略，则密码必须符合下列最低要求。

① 不能包含用户的账户名，不能包含用户姓名中超过两个连续字符的部分。

② 至少有 6 个字符。

③ 包含以下 4 类字符中的 3 类。

英文大写字母（A～Z）；英文小写字母（a～z）；10 个基本数字（0～9）；非字母字符（如！、$、#、%）。

默认值：在域控制器上启用，在独立服务器上禁用。

> **注意**
>
> 在默认情况下，成员计算机沿用各自域控制器的配置。

（2）密码长度最小值

此安全设置用于确定用户账户密码包含的最少字符数，可以将其设置为 1 ～ 20 个字符，或者设置为 0，表示不需要密码。

默认值：在域控制器上为 7，在独立服务器上为 0。

注意

在默认情况下，成员计算机沿用各自域控制器的配置。

（3）密码最短使用期限

此安全设置用于确定在用户更改某个密码之前必须使用该密码一段时间（以天为单位），可以设置为 1 ～ 998，或者将该值设置为 0，即允许立即更改密码。

密码最短使用期限必须小于密码最长使用期限，除非将密码最长使用期限设置为 0，指明密码永不过期。如果将密码最长使用期限设置为 0，则可以将密码最短使用期限设置为 0 ～ 998 中的任何值。

如果希望强制密码历史有效，则需要将密码最短使用期限设置为大于 0 的值。如果没有设置密码最短使用期限，则用户可以循环选择密码，直到获得期望的旧密码。默认设置没有遵从此建议，以便管理员能够为用户指定密码，并要求用户在登录时更改管理员定义的密码。如果将强制密码历史设置为 0，则用户将不必选择新密码。因此，默认情况下将强制密码历史设置为 1。

默认值：在域控制器上为 1，在独立服务器上为 0。

注意

在默认情况下，成员计算机沿用各自域控制器的配置。

（4）密码最长使用期限

此安全设置用于确定在系统要求用户更改某个密码之前可以使用该密码的期限（以天为单位），可以将密码设置为在某些天（1 ～ 999）后到期，或者将该值设置为 0，表示密码永不过期。如果密码最长使用期限为 1 ～ 999 天，则密码最短使用期限必须小于密码最长使用期限。

注意

安全操作是将密码设置为 30 ～ 90 天后过期，具体天数取决于用户的环境，默认值为 42，这样，攻击者用来破解用户密码及访问网络资源的时间将受到限制。

（5）强制密码历史

此安全设置用于确定再次使用某个旧密码之前必须与某个用户账户关联的唯一新密码数。该值必须为 0 ～ 24。此策略使管理员能够通过确保旧密码不被连续重新使用来增强安全性。

默认值：在域控制器上为 24，在独立服务器上为 0。

> **注意**
>
> 在默认情况下，成员计算机沿用各自域控制器的配置，若要保持密码历史的有效性，则要同时启用密码最短使用期限安全策略设置，不允许在密码更改之后立即再次更改密码。

（6）用可还原的加密来储存密码

此安全设置用于确定操作系统是否使用可还原的加密来存储密码。此策略为某些应用程序提供支持，这些应用程序使用的协议需要用户密码来进行身份验证。使用可还原的加密存储密码与存储纯文本密码在本质上是相同的。因此，除非应用程序需求比保护密码信息重要，否则不要启用此策略。通过远程访问或 Internet 验证服务（Internet Authentication Service，IAS），使用挑战握手身份认证协议（Challenge Handshake Authentication Protocol，CHAP）验证时，需要设置此策略。在集成信息服务（Integrated Information Service，IIS）中使用摘要式身份验证时也需要设置此策略。此安全设置默认为禁用状态。

通过上面的密码策略可提高密码的复杂度及强迫密码的位数，但是并不能够完全抵抗使用字典文件的"暴力"破解法，还需要制定账户锁定策略，如图 3.15 所示。例如，3 次无效登录后就锁定账户，使字典文件的穷举法无法执行。

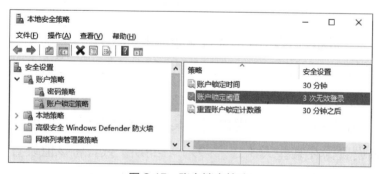

图 3.15　账户锁定策略

4. 重命名 Administrator 账户

因为 Windows Server 2019 的默认管理员账户 Administrator 众所周知，所以该账户通常为攻击者猜测密码攻击的对象。为了减弱这种威胁，可以将 Administrator 重命名，打开"服务器管理器"窗口，选择"工具"→"计算机管理"命令，打开"计算机管理"窗口，在右侧窗格的"本地用户和组"中选择"用户"选项，在左侧窗格中选择"Administrator"选项并单击鼠标右键，在弹出的快捷菜单中选择"重命名"命令，如图 3.16 所示，即可为该账户进行重命名。

图 3.16 重命名 Administrator

5. 创建一个陷阱账户

在设置完账户策略后，再创建一个名为 Administrator 的本地账户，为其设置最低的权限，并添加一个超过 10 位的复杂密码，这样可以进一步提高系统的安全性。

6. 禁用或删除不必要的账户

在"计算机管理"窗口中查看系统的活动账户列表，并禁用所有非活动账户，特别是 Guest 账户，删除或者禁用不需要的账户。

3.2.2 常用的系统进程与服务

进程与服务是 Windows NT 性能管理中常常接触的内容，科学地管理进程与服务能提升系统的性能。对 Windows NT 常用系统进程与服务的管理、系统日志的管理，可以保护操作系统的安全。

1. 进程的概念

进程是操作系统中基本且重要的概念。进程是应用程序的运行实例，是应用程序的一次动态执行。可以将进程理解为操作系统当前运行的程序。程序是指令的有序集合，其本身没有任何运行的含义，是一个静态的概念。而进程是程序在处理器中的一次执行过程，是一个动态的概念。例如，当运行记事本程序（Notepad）时，就会创建一个用来容纳组成 Notepad.exe 的代码及其所需调用动态链接库的进程。每个进程均运行在其专用且受保护的地址空间内。因此，如果同时运行记事本程序的两个实例，则该程序正在使用的数据在各自实例中是彼此独立的。在记事本程序的一个实例中将无法看到该程序的另一个实例打开的数据。进程可以分为系统进程和用户进程：凡是用于实现操作系统的各种功能的进程就是系统进程，它们是处于运行状态下的操作系统本身；用户进程就是所有由用户启动的进程。进程是操作系统进行资源分配的单位，在 Windows 下进程又被细化为线程，也就是进程下多个能够独立运行的更小的单位。

对应用程序来说，进程像大容器。应用程序启动后，就相当于将应用程序装入容器，可以向容器中添加其他东西，如应用程序在运行时所需的变量数据等。一个进程可以包含若干线程，线程可以帮助应用程序同时做几件事，如一个线程向磁盘写入文件，另一个线程监听用户的按键操作并及时做出反应，两者互相不干扰。在程序运行后，系统首先要做的就是为程序进程建立一个默认的线程，此后，程序就可以根据需要自行添加或删除相关的线程。

进程可以简单地理解为运行中的程序，需要占用内存、CPU 时间等系统资源。Windows NT 支持多用户、多任务，即支持并行运行多个程序。为此，内核不仅要有专门的代码负责为进程或线程分配 CPU 时间，还要开辟一段内存区域，用来存放记录进程详细情况的数据结构。内核就是通过这些数据结构知道系统中有多少进程及各进程的状态等信息的。换句话说，这些数据结构就是内核感知进程存在的依据。因此，只要修改这些数据结构，就能达到隐藏进程的目的。

系统进程又可以分为系统的关键进程和系统的一般进程。

（1）系统的关键进程

一般可通过 Windows NT 的"任务管理器"窗口（按"Ctrl+Alt+Delete"组合键打开）来查看系统进程，其能够提供很多信息，如现在系统中运行的进程、进程 ID（Process Identification，PID）、内存情况等，如图 3.17 所示。

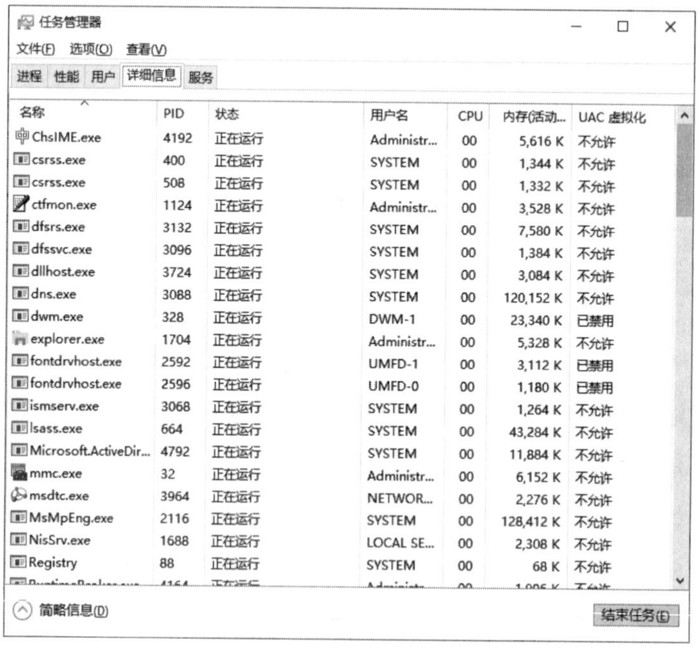

图 3.17　"任务管理器"窗口

Windows NT 的关键进程是系统运行的基本条件。有了这些进程，系统才能正常运行。系统的关键进程列举如下。

① smss.exe：会话管理器进程，负责启动用户会话，用于初始化系统变量，并对许多活动的进程和设定的系统变量做出反应。

② csrss.exe：子系统服务器进程，用于管理 Windows 图形的相关任务，用于维持 Windows 的控制，该进程崩溃时，系统会出现蓝屏。

③ winlogon.exe：Windows NT 用户登录进程。此进程用于管理用户登录，在用户按 "Ctrl+Alt+Delete" 组合键时被激活，弹出安全对话框。

④ services.exe：系统服务进程，用于管理启动和停止服务，包含很多系统服务，其对系统的正常运行是非常重要的。

⑤ lsass.exe：系统进程，用于管理 Windows 系统的安全机制。

⑥ svchost.exe：系统的核心进程，包含很多系统服务，在启动的时候会检查系统服务在注册表中的位置以构建需要加载的服务列表。多个 svchost.exe 可以在同一时刻运行，每个 svchost.exe 在会话期间都包含一组服务，单独的服务必须依靠 svchost.exe 获知怎样启动和在哪里启动。

⑦ spoolsv.exe：打印进程，用于将文件加载到内存中以便之后打印，以及管理缓冲池中的打印和传真作业。

⑧ explorer.exe：Windows 资源管理器进程，用于管理桌面进程。

⑨ wininit.exe：Windows NT 6.× 系统的一个核心进程，用于开启一些主要的 Windows NT 后台服务，如中央服务管理器、本地安全验证子系统和本地会话管理器。该进程不能强制结束，否则计算机会出现蓝屏。

⑩ system：PID 最小的 Windows 系统进程，控制系统核心模块（Kernel Model）的操作，是不能被关闭的。如果 system 的 CPU 利用率为 100%，则表示系统的核心模块一直在运行 system 进程。没有 system 进程，系统就无法启动。

⑪ System Idle：系统空闲进程，运行在每个处理器中，其会在 CPU 空闲的时候发出 Idle 命令，使 CPU 挂起（暂时停止工作），可有效地降低 CPU 内核的温度，在操作系统服务中没有禁止该进程的选项；其默认占用除当前应用程序所分配的 CPU 之外的所有 CPU；一旦应用程序发出请求，处理器就会立刻响应。这个进程中出现的 CPU 占用数值并不是真正的占用数值，而是 CPU 空闲率的体现，也就是说，这个数值越大，CPU 的空闲率就越高；反之，CPU 的占用率就越高。

⑫ System interrupts：系统中断进程，是 Windows 的官方组成部分，尽管它在"任务管理器"窗口中显示为一个进程，但它不是传统意义上的进程，而是一个聚合占位符，用于显示计算机中发生的所有硬件中断使用的系统资源。

（2）系统的一般进程

系统的一般进程不是系统必需的，可以根据需要通过服务管理器来增加或减少。系统的一般进程列举如下。

① internat.exe：微软 Windows 多语言输入程序。

② mstask.exe：允许程序在指定时间运行。

③ winmgmt.exe：提供系统管理信息。

④ lserver.exe：注册客户端许可证。

⑤ ups.exe：管理连接到计算机的不间断电源。

⑥ dns.exe：应答对 DNS 名称的查询和更新请求。

⑦ ntfrs.exe：用于在多个服务器间维护文件和文件夹。

⑧ dmadmin.exe：磁盘管理请求的系统管理服务。

⑨ smlogsvc.exe：配置性能日志和警报。

⑩ mnmsrvc.exe：允许有权限的用户使用 NetMeeting 远程访问 Windows 桌面。

2. Windows 系统服务

在 Windows 中，服务是指执行指定系统功能的程序、进程等，用于支持其他程序，尤其是低层程序的运行。服务是应用程序的运行实体，在后台长时间运行，不显示窗口，通常可以在本地和通过网络为用户提供一些服务，如客户端 / 服务器应用程序、Web 服务器、数据库服务器及其他基于服务器的应用程序。

对系统服务的操作可以通过与服务有关的界面来实现，以管理员 Administrator 或 Administrators 组成员的身份登录。可以使用以下 4 种方式打开与服务有关的界面。

（1）在 Windows Server 2019 中，在"开始"菜单中选择"Windows 管理工具"→"服务"命令，打开"服务"窗口，如图 3.18 所示。

（2）在 Windows Server 2019 操作系统桌面上选择"此电脑"图标并单击鼠标右键，在弹出的快捷菜单中选择"管理"命令，打开"服务器管理器"窗口，选择"工具"→"服务"命令，打开"服务"窗口，如图 3.18 所示。

（3）在 Windows Server 2019 中，按"Win+R"组合键，弹出"运行"对话框，输入"services.msc"命令，打开"服务"窗口，如图 3.18 所示。

（4）在 Windows Server 2019 操作系统桌面上选择"此电脑"图标并单击鼠标右键，在弹出的快捷菜单中选择"管理"命令，打开"服务器管理器"窗口，选择"工具"→"计算机管理"命令，打开"计算机管理"窗口，选择"服务和应用程序"→"服务"选项，如图 3.19 所示。

在"服务器管理器"窗口中双击任意一个服务，如 Certificate Propagation，即可弹出该服务的属性对话框，如图 3.20 所示。

在该服务的属性对话框中，可以选择启动类型。一个服务通常有 4 种启动类型，即"自动（延迟启动）""自动""手动""禁用"，只要在"启动类型"下拉列表中选择相关选项，就可以更改服务的启动类型。

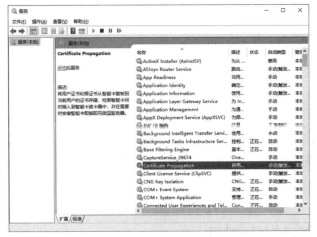

图 3.18　"服务"窗口　　　　　　　　　　　　　　　图 3.19　"计算机管理"窗口

"服务状态"是指服务现在的状态，通常可以单击"启动""停止""暂停""恢复"按钮来改变服务的状态。

Windows 中有强大的 MS-DOS 命令，其中，sc 命令用于与服务控制管理器和服务进行通信，可以使用该命令来测试和调试服务程序，其语法格式如图 3.21 所示。

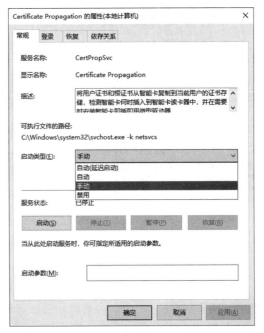

图 3.20　Certificate Propagation 服务的属性对话框

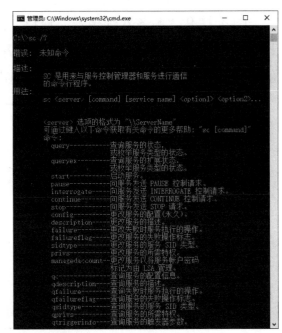

图 3.21　sc 命令的语法格式

sc 常用命令格式及其相关注释如下。

（1）sc query 服务名：查询服务的状态（如果服务名中间有空格，则需要加引号）。

（2）sc start 服务名：启动服务。

（3）sc stop 服务名：向服务发送 STOP 请求。

（4）sc qc 服务名：查询服务的配置信息。

（5）sc pause 服务名：向服务发送 PAUSE 控制请求。

（6）sc config 服务名 start=disabled：禁用服务。

3.3 技能实践

为了使网络管理更为方便，也为了减轻维护的负担，需要使用成员服务器上的本地用户账户和组或域控制器上的用户账户和组来管理网络资源。

3.3.1 成员服务器上的本地用户账户和组管理

在成员服务器上使用本地用户账户和组来管理网络资源。用户可以在成员服务器上以本地管理员账户登录，使用"计算机管理"窗口中的"本地用户和组"选项来创建本地用户账户时，用户必须拥有管理员权限。

V3.1 成员服务器上的本地用户账户和组管理

1. 创建新用户账户

（1）打开"服务器管理器"窗口，选择"工具"→"计算机管理"命令，打开"计算机管理"窗口，选择"本地用户和组"→"用户"选项并单击鼠标右键，在弹出的快捷菜单中选择"新用户"命令，如图 3.22 所示。

图 3.22　选择"新用户"命令

（2）弹出"新用户"对话框，输入用户名、全名、描述和密码，如图 3.23 所示。设置密码时，密码要满足密码策略的要求，否则会弹出提示"密码不满足密码策略的要求。检查最小密码长度、密码复杂性和密码历史的要求。"的对话框。可以设置密码选项，包括"用户下次登录时须更改密码""用户不能更改密码""密码永不过期""账户已禁用"等。设置完成后，单击"创建"按钮，创建用户账户 xx_student01。用户账户创建完成后，单击"关闭"按钮，返回"计算机管理"窗口。

2. 设置本地用户账户的属性

用户账户不只包括用户名和密码等信息，为了管理和使用方便，用户账户还包括其他属性，如用户账户隶属的用户组、远程控制、RDS 配置文件等。

在"计算机管理"窗口的右侧窗格中，双击刚建立的用户账户 xx_student01，弹出"xx_student01 属性"对话框，如图 3.24 所示。

图 3.23 "新用户"对话框

图 3.24 "xx_student01 属性"对话框

（1）"常规"选项卡

在"常规"选项卡中，可以设置与用户账户有关的描述信息，如全名、描述、密码选项等。

（2）"隶属于"选项卡

"隶属于"选项卡如图 3.25 所示，在其中可以设置将用户账户加入其他本地组。为了管理方便，通常需要为用户组分配与设置权限。用户属于哪个组，就具有哪个组的权限。新增的用户账户默认加入 Users 组。Users 组的用户账户一般不具备特殊权限，如安装应用程序、修改系统设置等。所以当要分配给用户账户一些权限时，可以将用户账户加入其他组，也可以单击"删除"按钮，将用户账户从 Users 组中删除。

将用户账户 xx_student01 添加到 Administrators 组的操作如下。

在"隶属于"选项卡中，单击"添加"按钮，弹出"选择组"对话框，如图 3.26 所示。在"选择组"对话框中，单击"高级"按钮，展开"一般性查询"选项组，单击"立即查找"按钮，并在"搜索结果"列表框中选择要查询的组，如图 3.27 所示。单击"确定"按钮，收起"一般性查询"选项组，添加可用的组，如图 3.28 所示，单击"确定"按钮，返回"xx_student01 属性"对话框。

图 3.25　"隶属于"选项卡

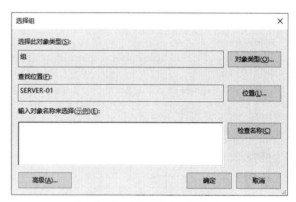

图 3.26　"选择组"对话框

图 3.27　选择要查询的组

图 3.28　添加可用的组

（3）"配置文件"选项卡

在"配置文件"选项卡中可以设置用户账户的配置文件路径、登录脚本和主文件夹路径，如图 3.29 所示。当用户账户第一次登录到某台计算机上时，Windows Server 2019 根据默认用户配置文件自动创建一个用户配置文件，并将其保存在计算机中。默认用户配置文件位于 C:\ 用户 \default 文件夹，该文件夹是隐藏文件夹，用户账户 xx_student01 的配置文件位于 C:\ 用户 \ xx_student01 文件夹。

（4）"环境"选项卡

在"环境"选项卡中可以配置 RDS 启动环境，这些配置会代替客户端所指定的配置，如图 3.30 所示。

图 3.29 "配置文件"选项卡

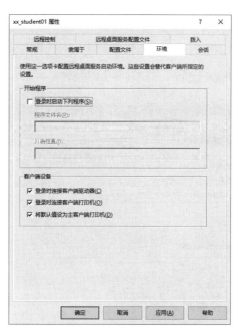

图 3.30 "环境"选项卡

（5）"会话"选项卡

在"会话"选项卡中可以进行 RDS 超时和重新连接设置，如图 3.31 所示。

（6）"远程控制"选项卡

在"远程控制"选项卡中可以进行 RDS 远程控制设置，如图 3.32 所示。

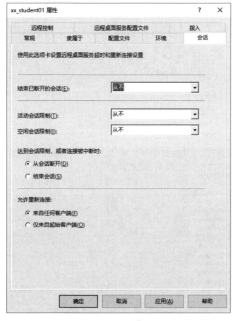

图 3.31 "会话"选项卡

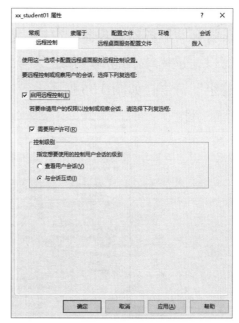

图 3.32 "远程控制"选项卡

（7）"远程桌面服务配置文件"选项卡

在"远程桌面服务配置文件"选项卡中可以配置 RDS 用户配置文件，此配置文件中的设置适用于 RDS，如图 3.33 所示。

（8）"拨入"选项卡

在"拨入"选项卡中可以进行网络访问权限、回拨选项、分配静态 IP 地址、应用静态路由等相关设置，如图 3.34 所示。

图 3.33　"远程桌面服务配置文件"选项卡

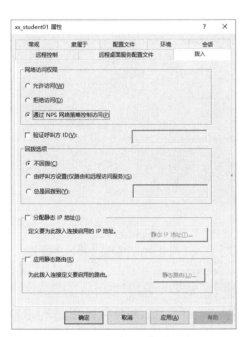

图 3.34　"拨入"选项卡

3. 创建本地组

（1）打开"服务器管理器"窗口，选择"工具"→"计算机管理"命令，打开"计算机管理"窗口，选择"本地用户和组"→"组"选项并单击鼠标右键，在弹出的快捷菜单中选择"新建组"命令，如图 3.35 所示。

图 3.35　选择"新建组"命令

（2）弹出"新建组"对话框，输入组名、描述，如图 3.36 所示，单击"创建"按钮，完成组 xx_group01 的新建，单击"关闭"按钮，返回"计算机管理"窗口。

（3）双击组"xx_group01"，弹出"xx_group01 属性"对话框，如图 3.37 所示。单击"添加"按钮，弹出"选择用户"对话框，单击"高级"按钮，展开"一般性查询"选项组，单击"立即查找"按钮，在"搜索结果"列表框中选择要添加的用户账户 xx_student01，如图 3.38 所示。单击"确定"按钮，收起"一般性查询"选项组，添加用户账户 xx_student01，如图 3.39 所示，单击"确定"按钮，返回"计算机管理"窗口。

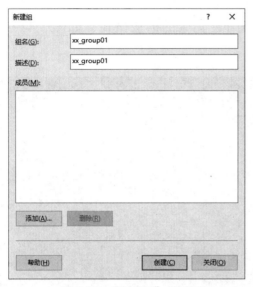

图 3.36　"新建组"对话框

图 3.37　"xx_group01 属性"对话框

图 3.38　选择用户账户 xx_student01

图 3.39　添加用户账户 xx_student01

4．删除本地用户账户和组

当用户账户和组不再需要时，可以将其删除。因为删除用户账户和组会导致与对应用户账户和组有关的所有信息遗失，所以在删除之前最好先确认删除的必要性或者考虑使用其他方法，如禁用用户账户。许多企业会给临时员工设置 Windows 账户，当临时员工离开企业时将对应账户禁用，新来的临时员工需要使用该账户时，只需要对其进行重命名即可。在

"计算机管理"窗口中，选择要删除的本地用户账户或组并单击鼠标右键，就可以通过弹出的快捷菜单执行删除操作，但是系统内置的用户账户是不能删除的，如 Administrator。

5. 使用命令管理本地用户账户和组

以管理员身份登录成员服务器，按"Win+R"组合键，弹出"运行"对话框，输入"cmd"命令，如图 3.40 所示。单击"确定"按钮，打开命令提示符窗口，从中可以使用 net 命令来管理本地用户账户和组，可以使用 net /? 命令来查看 net 命令的语法格式，如图 3.41 所示。

图 3.40　"运行"对话框

图 3.41　net 命令的语法格式

（1）创建用户账户 user01，设置其密码为 Lncc@123（注意，必须符合密码复杂度要求），命令如下。

```
net  user  user01  Lncc@123  /add
```

命令执行结果如图 3.42 所示。

（2）查看当前用户账户列表，命令如下。

```
net  user
```

命令执行结果如图 3.43 所示。

图 3.42　创建用户账户 user01

图 3.43　查看当前用户账户列表

（3）修改用户账户 user01 的密码，将密码修改为 Lncc@456（注意，必须符合密码复杂度要求），命令如下。

```
net user user01 Lncc@456
```

命令执行结果如图 3.44 所示。

（4）创建本地组 xx_localgroup01，命令如下。

```
net localgroup xx_localgroup01 /add
```

命令执行结果如图 3.45 所示。

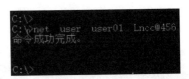

C:\>
C:\>net user user01 Lncc@456
命令成功完成。
C:\>
图 3.44 修改用户账户 user01 的密码

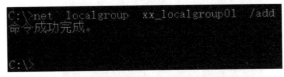

C:\>net localgroup xx_localgroup01 /add
命令成功完成。
C:\>
图 3.45 创建本地组 xx_localgroup01

（5）查看当前本地组列表，命令如下。

```
net localgroup
```

命令执行结果如图 3.46 所示。

（6）将用户账户 user01 添加到组 xx_localgroup01 中，命令如下。

```
net localgroup xx_localgroup01 user01 /add
```

命令执行结果如图 3.47 所示。

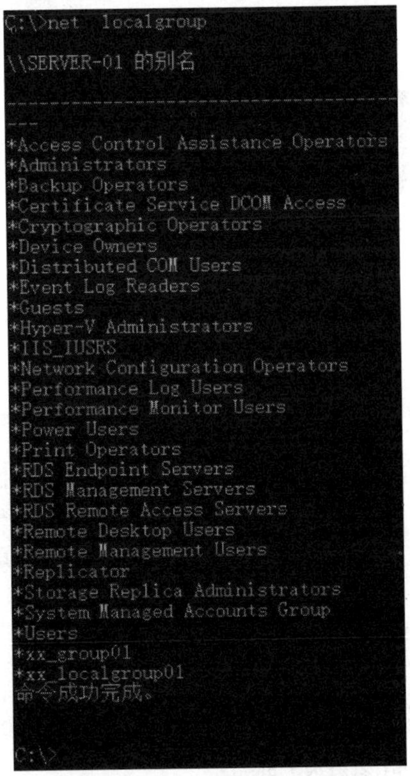

C:\>net localgroup
\\SERVER-01 的别名
*Access Control Assistance Operators
*Administrators
*Backup Operators
*Certificate Service DCOM Access
*Cryptographic Operators
*Device Owners
*Distributed COM Users
*Event Log Readers
*Guests
*Hyper-V Administrators
*IIS_IUSRS
*Network Configuration Operators
*Performance Log Users
*Performance Monitor Users
*Power Users
*Print Operators
*RDS Endpoint Servers
*RDS Management Servers
*RDS Remote Access Servers
*Remote Desktop Users
*Remote Management Users
*Replicator
*Storage Replica Administrators
*System Managed Accounts Group
*Users
*xx_group01
*xx_localgroup01
命令成功完成。
C:\>
图 3.46 查看当前本地组列表

C:\>net localgroup xx_localgroup01 user01 /add
命令成功完成。
C:\>
图 3.47 将用户账户 user01 添加到组 xx_localgroup01 中

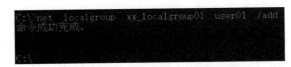

（7）查看组 xx_localgroup01 中的用户账户信息，命令如下。

```
net  localgroup  xx_localgroup01
```

命令执行结果如图 3.48 所示。

（8）删除组 xx_localgroup01 中的用户账户 user01，命令如下。

```
net  localgroup  xx_localgroup01  user01  /del
```

命令执行结果如图 3.49 所示。

图 3.48　查看组 xx_localgroup01 中的用户账户信息

图 3.49　删除组 xx_localgroup01 中的用户账户 user01

（9）删除用户账户 user01，命令如下。

```
net  user  user01  /del
```

命令执行结果如图 3.50 所示。

（10）删除组 xx_localgroup01，命令如下。

```
net  localgroup  xx_localgroup01  /del
```

命令执行结果如图 3.51 所示。

图 3.50　删除用户账户 user01

图 3.51　删除组 xx_localgroup01

3.3.2　域控制器上的用户账户和组管理

Windows Server 2019 支持域账户和组管理，域账户可以登录域以获得访问其中资源的权限。

1. 项目规划

某公司目前正在实施一个项目。该项目由总公司的项目部 OU_project_A01和分公司的项目部 OU_project_B01 共同完成，需要创建一个共享目录，总公司的项目部和分公司的项目部需要对共享目录有写入和删除权限。公司决定在子域控制器 lncc.abc.com 上创建临时共享目录 project_share01，网络拓扑结构如图 3.52 所示。

微课

V3.2　域控制器上的用户账户和组管理

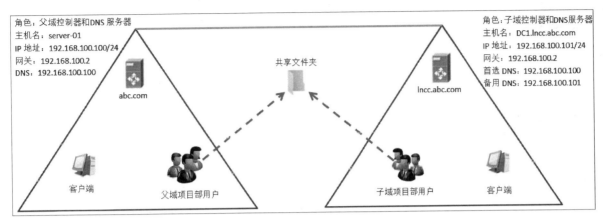

图 3.52　网络拓扑结构

（1）父域控制器为 abc.com，主机名为 server-01，IP 地址为 192.168.100.100/24，网关为 192.168.100.2，DNS 服务器的 IP 地址为 192.168.100.100。

（2）子域控制器为 lncc.abc.com，主机名为 DC1.lncc.abc.com，IP 地址为 192.168.100.101/24，网关为 192.168.100.2，首选 DNS 服务器的 IP 地址为 192.168.100.100，备选 DNS 服务器的 IP 地址为 192.168.100.101。

（3）在父域控制器上创建组织单位 OU_project_A01；创建总公司项目部用户账户 project_userA01、project_userA02；创建全局组 project_groupA01；将总公司项目部用户账户 project_userA01、project_userA02 加入全局组 project_groupA01。

（4）在子域控制器上创建组织单位 OU_project_B01；创建分公司项目部用户账户 project_userB01、project_userB02；创建全局组 project_groupB01；将分公司项目部用户账户 project_userB01、project_userB02 加入全局组 project_groupB01；创建本地域组 project_localgroupB01，将全局组 project_groupB01 加入本地域组 project_localgroupB01。

2．项目实施

（1）在子域控制器 DC1.lncc.abc.com 上创建组织单位 OU_project_B01。打开"Active Directory 用户和计算机"窗口，选择"lncc.abc.com"选项并单击鼠标右键，在弹出的快捷菜单中选择"新建"→"组织单位"命令，如图 3.53 所示。弹出"新建对象 - 组织单位"对话框，输入组织单位名称 OU_project_B01，勾选"防止容器被意外删除"复选框，如图 3.54 所示。

（2）单击"确定"按钮，返回"Active Directory 用户和计算机"窗口，选择刚创建的组织单位 OU_project_B01 并单击鼠标右键，在弹出的快捷菜单中选择"新建"→"用户"命令，如图 3.55 所示。弹出"新建对象 - 用户"对话框，如图 3.56 所示，创建用户账户 project_userB01、project_userB02。

（3）在"新建对象 - 用户"对话框中，单击"下一步"按钮，进入密码设置界面，如图 3.57 所示，输入密码并确认密码，单击"下一步"按钮，进入用户创建完成界面，如图 3.58 所示。

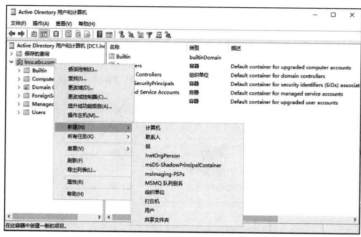

图 3.53　选择"组织单位"命令

图 3.54　"新建对象－组织单位"对话框

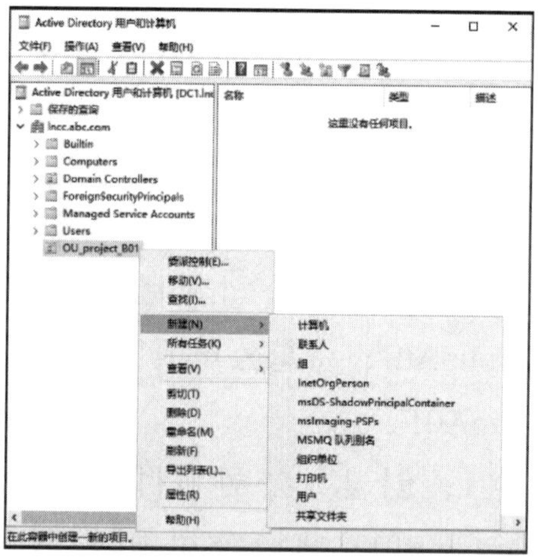

图 3.55　选择"用户"命令

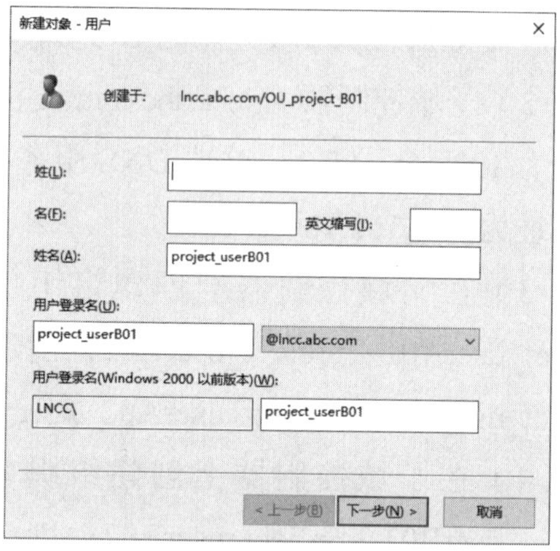

图 3.56　"新建对象－用户"对话框

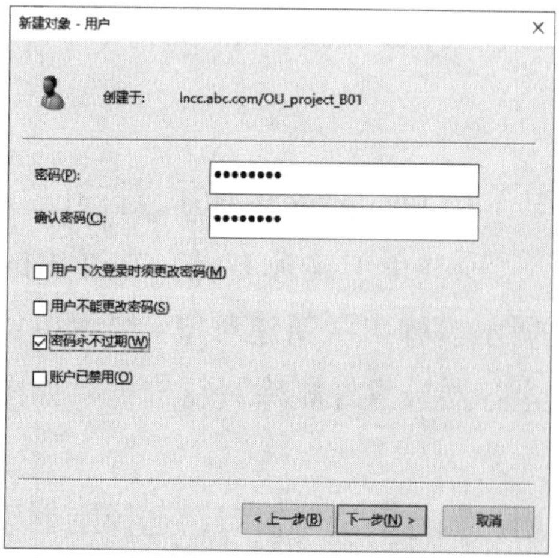

图 3.57　密码设置界面

图 3.58　用户创建完成界面

（4）创建全局组 project_groupB01。选择刚创建的组织单位 OU_project_B01 并单击鼠标右键，在弹出的快捷菜单中选择"新建"→"组"命令，弹出"新建对象 - 组"对话框，如图 3.59 所示，输入组名 project_groupB01，在"组作用域"选项组中选择"全局"单选按钮，创建全局组 project_groupB01。单击"确定"按钮，返回"Active Directory 用户和计算机"窗口，双击刚创建的全局组 project_groupB01，弹出"project_groupB01 属性"对话框，如图 3.60 所示。

图 3.59 "新建对象 - 组"对话框

图 3.60 "project_groupB01 属性"对话框

（5）将分公司项目部用户账户 project_userB01、project_userB02 加入全局组 project_groupB01。在"project_groupB01 属性"对话框中，单击"添加"按钮，弹出"选择用户、联系人、计算机、服务账户或组"对话框，如图 3.61 所示，单击"高级"按钮，展开"一般性查询"选项组，单击"立即查找"按钮，在"搜索结果"列表框中选择要添加的用户账户，如图 3.62 所示。

图 3.61 "选择用户、联系人、计算机、服务账户或组"对话框

图 3.62 选择要添加的用户账户

（6）单击"确定"按钮，收起"一般性查询"选项组，添加用户账户，如图 3.63 所示。单击"确定"按钮，返回"project_groupB01 属性"对话框，可发现选择的用户账户已加入

组 project_groupB01，如图 3.64 所示，单击"确定"按钮，返回"Active Directory 用户和计算机"窗口。

图 3.63　添加用户账户

图 3.64　选择的用户账户已加入组 project_groupB01

（7）创建本地域组 project_localgroupB01，并将全局组 project_groupB01 加入本地域组 project_localgroupB01。选择组织单位 OU_project_B01 并单击鼠标右键，在弹出的快捷菜单中选择"新建"→"组"命令，弹出"新建对象 - 组"对话框，输入组名 project_localgroupB01，如图 3.65 所示，在"组作用域"选项组中选择"本地域"单选按钮，单击"确定"按钮，返回"Active Directory 用户和计算机"窗口，双击刚创建的本地域组 project_localgroupB01，弹出"选择用户、联系人、计算机、服务账户或组"对话框，在此选择要添加的全局组 project_groupB01，如图 3.66 所示。

图 3.65　新建本地域组 project_localgroupB01

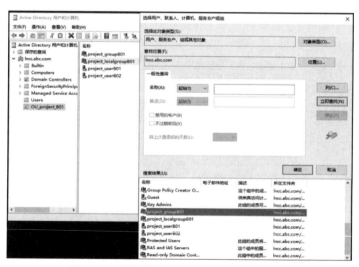

图 3.66　选择全局组 project_groupB01

（8）单击"确定"按钮，如图 3.67 所示，返回"project_localgroupB01 属性"对话框，可

发现全局组已加入本地域组 project_localgroupB01，如图 3.68 所示。

图 3.67 添加全局组

图 3.68 全局组已加入本地域组 project_localgroupB01

（9）在"project_localgroupB01 属性"对话框中，单击"确定"按钮，返回"Active Directory 用户和计算机"窗口，组织单位 OU_project_B01 中的内容如图 3.69 所示。

图 3.69 组织单位 OU_project_B01 中的内容

（10）在父域控制器 server-01 上创建组织单位 OU_project_A01；创建总公司项目部用户账户 project_userA01、project_userA02；创建全局组 project_groupA01；将总公司项目部用户账户 project_userA01、project_userA02 加入全局组 project_groupA01。具体过程与子域控制器的操作相似，这里不赘述。

（11）在子域控制器 DC1.lncc.abc.com 上创建共享目录 project_share01，选择该目录并单击鼠标右键，在弹出的快捷菜单中选择"属性"命令，弹出"project_share01 属性"对话框，选择"共享"选项卡，如图 3.70 所示。在"网络文件和文件夹共享"选项组中单击"共享"按钮，弹出"网络访问"对话框，如图 3.71 所示。

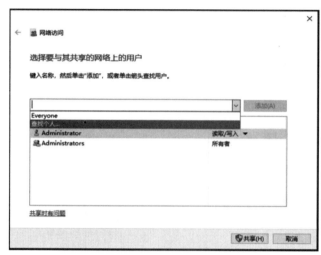

图 3.70　"project_share01 属性"对话框的"共享"选项卡　　　　图 3.71　"网络访问"对话框

（12）在"网络访问"对话框的下拉列表中选择"查找个人"选项，找到本地域组 project_localgroupB01 并添加，选择相应的权限，将读写的权限赋予该本地域组，如图 3.72 所示。单击"共享"按钮，进入"你的文件夹已共享。"界面，如图 3.73 所示，单击"完成"按钮，完成共享目录的设置。

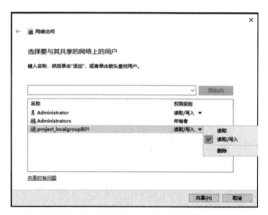

图 3.72　设置共享目录权限　　　　　　　　图 3.73　"你的文件夹已共享。"界面

（13）测试验证结果。在 Windows 10 客户端（首选和备用 DNS 服务器的 IP 地址必须分别设置为 192.168.100.100 和 192.168.100.101，如图 3.74 所示），按"Win+R"组合键，弹出"运行"对话框，如图 3.75 所示，输入"\\DC1.lncc.abc.com\project_share01"，单击"确定"按钮，弹出"Windows 安全中心"对话框，如图 3.76 所示。

（14）使用分公司域用户账户 project_userB01@lncc.abc.com 和总公司域用户账户 project_userA01@abc.com 分别访问 \\DC1.lncc.abc.com\project_share01 共享目录，如图 3.77 所示。（注意，测试用户账户需要设置访问权限，否则无法访问共享目录，为了测试成功，可以为测试用户账户添加管理员 Administrator 权限。）

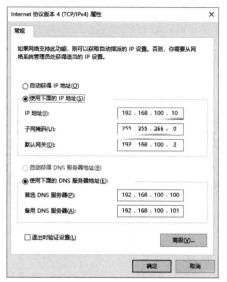

图 3.74 DNS 服务器地址设置

图 3.75 "运行"对话框

图 3.76 "Windows 安全中心"对话框

（15）注销 Windows 10 客户端，重新登录后，使用总公司域用户账户 userA03@abc.com 访问 \\DC1.lncc.abc.com\project_share01 共享目录，提示没有访问权限，因为 userA03 用户账户不是总公司项目部的用户，如图 3.78 所示。

图 3.77 访问共享目录

图 3.78 提示没有访问权限

课后实训

某公司使用域控制器进行业务管理，并在域控制器和成员控制器中进行相应的用户账户和组的管理。构建满足公司需求的域环境，具体要求如下。

（1）域控制器的服务器名称为 Win2019-01，其 IP 地址为 192.168.100.100/24，首选 DNS 服务器的 IP 地址为 192.168.100.100/24，创建相应的用户账户和组。

（2）成员服务器的名称为 Win2019-03，其 IP 地址为 192.168.100.102/24，首选 DNS 服务器的 IP 地址为 192.168.100.100/24，创建相应的用户账户和组。

（3）使用命令创建及管理本地用户账户和组，并进行相应的测试。

（4）设置共享文件夹及相应的权限，并进行相应的测试。

请按照上述要求做出合适的配置，以检查学习效果。

课后习题

1. 选择题

（1）【单选】在 Windows 中，类似"S-1-5-21-5789120546-2054893054-5105896483-500"的值代表的是（　　）。

  A．UPN   B．SID   C．DN   D．GUID

（2）【单选】以下不是 Windows Server 2019 的系统进程的是（　　）。

  A．services.exe B．svchost.exe C．csrss.exe D．iexplorer.exe

2. 判断题

（1）Windows Server 2019 支持两种用户账户：本地账户和域账户。（　　）

（2）Windows Server 2019 的 Guest 账户默认是启用的。（　　）

（3）Windows Server 2019 的每个用户账户的 SID 是唯一的。（　　）

（4）在"运行"对话框中输入"gpedit.msc"命令，可以打开"本地组策略编辑器"窗口。（　　）

（5）winlogon.exe 进程用于管理用户登录界面。（　　）

3. 简答题

（1）简述 SID 的作用。

（2）简述组作用域的含义。

（3）简述系统的关键进程。

第4章
文件系统与磁盘管理

本章主要讲解文件系统基础知识、磁盘管理基础知识和技能实践，包括文件系统概述、认识 NTFS 权限、MBR 磁盘与 GPT 磁盘、认识基本磁盘、RAID 磁盘管理技术、压缩文件、加密文件系统、基本磁盘分区管理、碎片整理和优化驱动器、磁盘配额管理、动态磁盘卷管理等相关内容。

学习目标

【知识目标】
· 掌握文件系统基础知识。
· 掌握磁盘管理基础知识。
· 掌握RAID磁盘管理技术的相关知识。

【能力目标】
· 掌握压缩文件和加密文件系统的方法。
· 掌握基本磁盘分区管理、碎片整理及优化驱动器的方法。
· 掌握磁盘配额管理和动态磁盘卷管理的方法。

【素养目标】
· 培养解决实际问题的能力，树立团队协作、互助等意识。
· 培养工匠精神，要求做事严谨、精益求精、着眼细节、爱岗敬业。

4.1 文件系统基础知识

文件系统是操作系统用于明确存储设备或分区上的文件的方法和数据结构。它是对文件存储设备的空间进行组织和分配，负责文件存储并对存入的文件进行保护和检索的系统，所以了解文件系统的格式尤为重要。

文件和文件夹是计算机系统组织数据的集合单位。Windows Server 2019 提供了强大的文件管理功能，其新技术文件系统（New Technology File System，NTFS）具有高安全性，用户可以十分方便地在计算机或网络中处理、使用、组织、共享和保护文件及文件夹。

4.1.1　文件系统概述

运行 Windows Server 2019 的计算机的磁盘分区可以使用 3 种类型的文件系统：FAT16、FAT32 和 NTFS。

1. FAT16 和 FAT32

文件分配表（File Allocation Table，FAT）包括 FAT16 和 FAT32 两种类型。FAT 是一种适合小卷集、对系统安全性要求不高、需要双重引导的用户使用的文件系统。

在推出 FAT32 之前，计算机通常使用的文件系统是 FAT16。FAT16 支持的最大分区是 2^{16}（即 65536）个簇，每个簇有 64 个扇区，每个扇区为 512B，所以它支持的最大分区为 2GB。FAT16 最大的缺点之一就是簇的大小和分区有关，这样当外存中存放较多小文件时，会浪费大量的空间。

FAT32 是 FAT16 的派生文件系统，FAT32 采用了 32 位的 FAT，最大支持 2TB（2048GB）的磁盘分区，使其对磁盘的管理能力大大增强，突破了 FAT16 对每个分区的容量只有 2GB 的限制。但 FAT32 分区内无法存放大于 4GB 的单个文件，且易产生磁盘碎片。

FAT 文件系统是一种最初用于小型磁盘和简单文件夹结构的简单文件系统。它向后兼容，最大的优点之一是适用于所有的 Windows 操作系统。另外，FAT 文件系统在容量较小的卷上的使用效果比较好，因为 FAT 文件系统启动的开销非常少。FAT 文件系统在容量低于 512MB 的卷上的使用效果最好，当卷容量超过 1.024GB 时，其效率就很低。FAT 文件系统不能满足 Windows Server 2019 的要求。

2. NTFS

NTFS 是 Windows NT 内核的系列操作系统支持的一种特别为网络和磁盘配额、文件加密等管理安全特性设计的文件系统。它支持长文件名，提供数据保护和恢复功能，能通过目录和文件许可保障安全性，并支持跨越分区。它是 Windows Server 2019 推荐使用的高性能文件系统。它能充分有效地利用磁盘空间；支持文件级压缩，具备更好的文件安全性；支持的最大分区为 2TB，单个最大文件为 2TB；支持元数据，且使用了高级数据结构，以便于提升磁盘可靠性和磁盘空间利用率。它支持许多新的文件安全、存储和容错功能，而这些功能正是 FAT 文件系统所缺少的。

NTFS 最早出现于 1993 年的 Windows NT 中，它的出现大幅度地提高了 FAT 文件系统的性能。

NTFS 是一个日志文件系统，这意味着除向磁盘中写入信息外，该文件系统还会为发生的所有改变保留一份日志。这一功能让 NTFS 在发生错误的时候（如系统崩溃或电源供应中断时）更容易恢复，也让这一系统更加健壮。

NTFS 设计简单但功能强大，从本质上讲，卷中的一切都是文件，文件中的一切都是属性。从数据属性到安全属性，再到文件名属性，NTFS 卷中的每个扇区都分配给某个文件，甚至文件系统的数据也是文件的一部分。

如果安装 Windows Server 2019 时采用了 FAT 文件系统，则用户也可以在安装完毕后，使用命令 convert 把 FAT 分区转换为 NTFS 分区，命令如下。

```
convert  C:/FS:NTFS
```

执行以上命令后，C 盘将转换成 NTFS 格式。无论是在运行安装程序的过程中还是在运行安装程序之后，相对于格式化磁盘来说，这种转换不会损坏用户的文件。

（1）NTFS 的功能

NTFS 具备 3 个功能：错误预警功能、磁盘自我修复功能和日志功能。

① 错误预警功能

在 NTFS 分区中，如果主文件表（Master File Table，MFT）所在的磁盘扇区恰好被损坏，则 NTFS 会智能地将 MFT 移动到磁盘的其他扇区，这样既保证了文件系统的正常使用，又保证了系统的正常运行。而 FAT16 和 FAT32 只能固定在分区引导扇区的后面，一旦遇到扇区损坏的情况，整个文件系统就会瘫痪。

② 磁盘自我修复功能

NTFS 可以对磁盘上的逻辑错误和物理错误进行自动检测和修复。在每次读写时，它都会检查扇区正确与否。当读取数据时发现错误后，NTFS 会报告对应错误；当向磁盘中写文件时发现错误后，NTFS 会移动到一个完好的位置存储数据。

③ 日志功能

在 NTFS 中，任何操作都可以被看作事件。事件日志能够持续监督并记录所有文件操作，确保数据的一致性和完整性后，就会记录"已完成"。假如复制中途断电，事件日志中就不会记录"已完成"，NTFS 可以在通电后重新完成刚才未完成的事件。

（2）NTFS 的特点

NTFS 的特点如下。

① 安全性

NTFS 能够轻松指定用户访问某一文件或目录、操作的权限大小。NTFS 能使用一个随机产生的密钥把一个文件加密，只有文件的所有者和管理员知道解密的密钥，其他人即使能够登录系统，也没有办法读取它。NTFS 采用用户授权的方式来操作文件，事实上这是网络操作系统的基本要求，只有拥有指定权限的用户才能访问指定的文件。NTFS 还支持加密文件系统（Encrypting File System，EFS）以阻止未授权的用户访问文件。

② 容错性

NTFS 使用了一种被称为事务登录的技术跟踪对磁盘的修改。因此，NTFS 可以在几秒内修复错误。

③ 稳定性

NTFS 的文件不易受到病毒的侵袭和系统崩溃的影响。这种抗干扰能力直接源于 Windows NT 的高度安全性能，NTFS 只能被 Windows NT 以及以 NT 为内核的 Windows 2000/XP 以上的系统识别。FAT 和 NTFS 两种文件系统在一个磁盘中并存时，NTFS 采用与 FAT 文件系统不同的方法来定位文件映像，弥补了 FAT 文件系统存在许多闲置扇区空间的缺点。

④ 向下可兼容性

NTFS 可以存取 FAT 文件系统和高性能文件系统（High Performance File System，HPFS）的数据。如果数据被写入可移动磁盘，则将自动采用 FAT 文件系统。

⑤ 可靠性

NTFS 把重要交易作为完整交易来处理，只有整个交易完成才算完成，这样可以避免数据丢失。例如，向 NTFS 分区中写入文件时，会在内存中保留一份文件的副本，再检查向磁盘中写入的文件是否与内存中的一致。如果两者不一致，则操作系统会把相应的扇区标记为坏扇区而不再使用它（簇重映射），否则使用内存中保留的文件副本重新向磁盘中写入文件。如果在读取文件时出现错误，则 NTFS 返回一条读取错误信息，并告知相应的应用程序数据已经丢失。

⑥ 大容量

NTFS 解决了存储容量限制的问题，最大可支持 16EB（1024B=1KB，1024KB=1MB，1024MB=1GB，1024GB=1TB，1024TB=1PB，1024PB=1EB）。NTFS 的簇大小一般为 512B ～ 4KB。

⑦ 长文件名

NTFS 允许长达 255 个字符的文件名，突破了 FAT 文件系统的 8.3 格式限制（FAT 文件系统规定主文件名最多为 8 个字符，扩展名最多为 3 个字符）。虽然 NTFS 可以存取 FAT 文件系统的文件，但它的文件不能被 FAT 文件系统存取，当系统崩溃后只能用光盘或 U 盘进行启动。启动后，文件系统使用 FAT16 或 FAT32 是无法访问 NTFS 中的文件的，给数据"抢救"带来不便。

（3）NTFS 的结构

NTFS 和 FAT32 在结构上几乎是完全不同的，NTFS 具有很多新的特征，如安全性、容错性、文件压缩和磁盘配额等，对于其他文件系统来说，都是特殊的地方。NTFS 分区主要由引导扇区、MFT、数据存储结构和文件属性 4 个部分组成。

① 引导扇区

在操作系统引导的过程中，分区的引导扇区起着很重要的作用，其中存储了与卷文件相关的结构信息和启动引导程序等。操作系统在建立文件系统时，生成的参数记录着 NTFS 中的很多重要信息，包含每簇扇区数、分区的扇区总数、MFT 的起始逻辑簇号、文件系统标识等信息。在 NTFS 中，分区上的所有数据都是以文件的形式存储的。

② MFT

MFT 在 NTFS 中处于最核心、最重要的地位，通过 MFT 可以确定所有文件在磁盘中的详细存储位置。MFT 由一系列文件记录组成，是与文件对应的数据库，卷中的每一个文件都包含一个文件记录，其中的第一个文件记录是基本文件记录，它主要存储其他扩展文件记录的一些详细信息。MFT 文件可记录在物理上连续的数组文件中，且都是从 0 开始编号的。MFT 仅供系统自身构架、组织文件系统使用，被称作元数据。所有元数据的名称都是以 "$" 开始的，且它们都是隐藏文件。MFT 中的前 16 个元数据是最重要的。为了防止数据丢失，在卷存储区中，NTFS 会对它们进行备份。

③ 数据存储结构

在 NTFS 中，对文件的存取都是按照簇进行的，而每个簇的大小都是物理扇区的大小的整数倍，即 2 的整数次方，但簇的大小由格式化程序根据卷的大小自动分配。NTFS 要使用逻辑簇号（Logical Cluster Number，LCN）和虚拟簇号（Virtual Cluster Number，VCN）来对簇进行定位。同时，通过 LCN 对整个卷中的所有簇从头到尾按照顺序进行编号，将卷因子乘 LCN，就可以得到卷上物理字节的偏移量，从而可得到物理磁盘的详细地址。VCN 则对特定文件的簇从头到尾按照顺序进行编号，方便引用文件中的数据。在 NTFS 中，卷上的所有数据信息都存储在文件中，其中包含引导程序（用来获取及定位文件的一种数据结构）以及位图文件（记录卷的使用情况和大小）。一般来说，不论簇的大小是多少，文件记录的大小都将是固定不变的，且为 1KB。

④ 文件属性

NTFS 的文件属性一般可以分为两种：常驻属性和非常驻属性。如果属性值是存储在文件记录中的，那么这些属性称作常驻属性；如果属性值存储在文件记录之外，则这些属性称作非常驻属性。属性头的前 4 个字节表示属性类型，其中包含描述文件基本信息的属性（如文件的读写特性、文件的创建时间及修改时间等）、文件名属性（如文件名及其长度、分配空间的大小、文件实际占用空间的大小和文件的最后访问时间等）和描述文件内容的数据属性等内容。

（4）NTFS 的优点

NTFS 被广泛应用，除了因为微软公司在操作系统市场占有绝对优势外，还因为 NTFS 本身具有诸多优点。

① NTFS 中的所有文件都是以 key-value（键 - 值）的形式存储和组织的。NTFS 文件系统能够迅速地通过文件属性 key 来寻找和定位任意文件的 value，提高了操作系统对文件数据的处理效率。

② NTFS 会为系统文件或重要文件建立安全描述符，凡是通过操作系统或应用程序接口

（Application Program Interface，API）对文件进行修改和破坏的行为，都会受到文件系统的屏蔽。近年来出现的绕过操作系统或者直接访问硬件磁盘闪存等行为，暂时不能通过文件系统进行屏蔽。

③ NTFS 不绑定某个硬件磁盘扇区，当发现磁盘受到破坏或无法从中读取数据时，将通过操作系统相关机制对扇区或卷进行复位。文件系统的这种独立性使得 NTFS 本身具有极高的安全性。

④ NTFS 具有可扩容的卷空间。操作系统将所有数据按照文件的形式存储和统一管理，其目的之一是实现连续数据的非连续存储。在不对信息进行分类区分而是进行统一管理的情况下，卷的管理更加容易进行。

3. FAT 文件系统与 NTFS 的对比

FAT 文件系统自 1981 年问世以来，已经成为一个有着几十年历史的计算机术语。出于时代原因，包括 Windows NT、Mac OS 以及多种 UNIX 版本在内的大多数操作系统均对 FAT 文件系统提供支持。FAT 文件系统中的文件名必须以字母或数字开头，并且不得包含空格。此外，FAT 文件名不区分字母大小写。

FAT 文件系统和 NTFS 的对比主要表现在以下几个方面。

（1）兼容性

在确定某一分区所需使用的文件系统类型前，必须先考虑兼容性问题。如果多种操作系统都将对该分区进行访问，那么必须使用一种所有操作系统均可读取的文件系统。通常情况下，具备普遍兼容性的 FAT 文件系统可以满足这种要求。相比之下，只有 Windows NT 能够支持 NTFS 分区。这种限制条件仅适用于本地计算机。例如，如果一台计算机上同时安装了 Windows NT 与 Windows XP 两种操作系统，且这两种操作系统都需要对同一个分区进行访问，那么必须通过 FAT 方式对该分区进行格式化。如果这台计算机上只安装了 Windows NT 操作系统，则可以将该分区以 NTFS 方式进行格式化，此时，运行其他操作系统的计算机仍可通过网络方式对该分区进行访问。

（2）卷容量

选择文件系统时的一个考虑因素为分区容量。FAT 文件系统最大支持 2GB 的分区容量。如果分区容量超过 2GB，则必须通过 NTFS 方式对其进行格式化，或者将其拆分为多个容量较小的分区。需要注意的是，NTFS 本身所需耗费的资源多于 FAT 文件系统。如果所使用的分区容量小于 200MB，则应当选择 FAT 文件系统以避免 NTFS 自身占用过多的磁盘空间，NTFS 分区的最大容量为 16EB。

（3）容错性

NTFS 可在不显示错误消息的情况下自动修复磁盘错误。当 Windows NT 向 NTFS 分区中写入文件时，它将在内存中为该文件保留一个备份。当写入操作完成后，Windows NT 将再次读取该文件以验证其是否与内存中所存储的备份相匹配。如果两份文件的内容不一致，则 Windows NT 将把磁盘中的相应区域标记为受损并不再使用这一区域。此后，它将使用存储在内存中的文件副本在磁盘的其他位置重新写入文件。FAT 文件系统未提供任何安全保护特性，所采取的保护措施便是同时维护 FAT 的两个副本，如果其中一个副本遭到破坏，则它将自动使用另一个副本对其进行修复。然而，这一功能必须通过诸如 ScanDisk 之类的实用工具实现。

（4）安全性

NTFS 拥有一套内置安全机制，它可以为目录或单个文件设置不同权限。这些权限可以在本地及远程对文件与目录加以保护。如果正在使用 FAT 文件系统，那么安全性将通过共享权限实现。共享权限将通过网络对文件进行保护，但无法提供本地保护措施。假设现在有一台包含几百个用户的服务器，而每个用户都拥有自己的目录，为对其进行管理，可能需要同时维护数以百计的共享权限。这些共享权限可能相互重叠，从而导致更高的复杂性。

（5）系统分区

一种较为理想的系统分区解决方案是将系统分区格式化为 FAT 文件系统。如果对系统安全性的要求不高，则可以为系统分区指定较小的分区容量，并且不在该分区中存放除 Windows 系统文件以外的任何内容。除非未经授权的用户能够通过物理方式对计算机进行访问，否则，FAT 文件系统在安全性方面还是值得信赖的。

4.1.2 认识 NTFS 权限

利用 NTFS 权限，可以控制用户账户和组对文件及文件夹的访问。NTFS 权限只适用于 NTFS 磁盘分区。NTFS 权限不能用于 FAT16 或者 FAT32 格式化的磁盘分区。

Windows Server 2019 只为使用 NTFS 进行格式化的磁盘分区提供 NTFS 权限。为了保护 NTFS 磁盘分区中的文件和文件夹，要为需要访问资源的每一个用户账户授予 NTFS 权限。用户账户必须获得明确的授权才能访问资源。如果用户账户没有被授予权限，则其不能访问相应的文件和文件夹。不管访问文件还是文件夹，也不管文件和文件夹在计算机中还是在网络中，NTFS 的安全性功能都有效。

1. NTFS 权限的类型

可以利用 NTFS 权限指定哪些用户、组和计算机能够访问 NTFS 磁盘分区中的文件和文件夹以及其中的内容。

（1）NTFS 文件权限

可以通过授予 NTFS 文件权限控制对文件的访问。表 4.1 所示为可以授予的标准 NTFS 文件权限。

表 4.1　可以授予的标准 NTFS 文件权限

NTFS 文件权限	允许访问类型
读取	读取文件，查看文件属性、拥有人和权限
写入	覆盖写入文件，修改文件属性，查看文件拥有人和权限
修改	修改和删除文件，执行由"写入"权限和"读取和运行"权限进行的动作
读取和运行	运行应用程序，执行由"读取"权限进行的动作
完全控制	改变权限，成为文件拥有人，执行允许所有其他 NTFS 文件权限进行的动作
特殊权限	进行特殊权限设置

（2）NTFS 文件夹权限

可以通过授予 NTFS 文件夹权限控制对文件夹的访问。表 4.2 所示为可以授予的标准 NTFS 文件夹权限。

表 4.2　可以授予的标准 NTFS 文件夹权限

NTFS 文件夹权限	允许访问类型
读取	读取文件夹中的文件和子文件夹，查看文件夹属性、拥有人和权限
写入	在文件夹中创建新的文件和子文件夹，查看文件夹属性、拥有人和权限
修改	修改和删除文件夹，执行由"写入"权限和"读取和运行"权限进行的动作
读取和运行	遍历文件夹，执行由"读取"和"列出文件夹内容"权限进行的动作
完全控制	改变权限，成为文件夹拥有人，执行允许所有其他 NTFS 文件夹权限进行的动作
列出文件夹内容	查看文件夹中的文件和子文件夹的内容
特殊权限	进行特殊权限设置

> **注意**
>
> 　　无论使用什么权限保护文件，对文件夹有"完全控制"权限的组或用户都可以删除对应文件夹中的任何文件。尽管"列出文件夹内容"和"读取和运行"权限看起来有相同之处，但这些权限在继承时会有所不同。"列出文件夹内容"权限可以被文件夹继承，而不能被文件继承，且它只在查看文件夹权限时才会显示。"读取和运行"权限可以被文件和文件夹继承，且在查看文件和文件夹权限时才会显示。

2. 多重 NTFS 权限

如果将针对某个文件或文件夹的权限授予某个用户账户，并授予某个组，而该用户账户是该组中的一个成员，那么该用户账户就对同样的资源有多个权限。NTFS 组合多个权限时存在一些规则和优先权。除此之外，复制或者移动文件和文件夹，对权限也会产生影响。

（1）权限是累积的

一个用户账户对某个资源的有效权限是授予该用户账户的 NTFS 权限与授予该用户账户所属组的 NTFS 权限的组合。例如，用户账户 user01 对文件夹 folder01 有"读取"权限，该用户账户 user01 是组 group01 的成员，而组 group01 对文件夹 folder01 有"写入"权限，那么用户账户 user01 对文件夹 folder01 就有"读取"和"写入"权限。

（2）文件权限超越文件夹权限

NTFS 的文件权限超越 NTFS 的文件夹权限。例如，某用户账户对某个文件有"修改"权限，那么即使它对包含该文件的文件夹只有"读取"权限，它也仍然能够修改该文件。

（3）拒绝权限超越其他权限

可以拒绝某用户账户或组对特定文件或者文件夹的访问。对此，将"拒绝"权限授予该用户账户或者组即可。这样，即使某个用户账户作为某个组的成员具有访问某文件或文件夹的权限，但是因为将"拒绝"权限授予了该用户账户，所以该用户账户具有的任何其他权限也被阻止了。因此，对于权限的累积规则来说，"拒绝"权限是一个例外。应该避免使用"拒绝"权限，因为允许用户账户和组进行某种访问比明确拒绝它们进行某种访问更容易实现。巧妙地构造组和组织文件夹中的资源，使用各种各样的"允许"权限就足以满足需要，从而可避免使用"拒绝"权限。

3. 继承与阻止继承 NTFS 权限

默认情况下，授予父文件夹的任何权限也将应用于包含在该父文件夹中的子文件夹和文件。当授予用户账户或组访问某个文件夹的 NTFS 权限时，就将授予该用户账户或组访问该文件夹中任何现有的文件和子文件夹，以及在该文件夹中创建的任何新文件和子文件夹的 NTFS 权限。如果想让文件夹或者文件具有不同于它们的父文件夹的权限，则必须阻止权限的继承。

阻止权限的继承也就是阻止子文件夹和文件从父文件夹继承权限。为了阻止权限的继承，要删除继承来的权限，只保留被明确授予的权限。

被阻止从父文件夹继承权限的子文件夹就成为新的父文件夹，包含在新的父文件夹中的子文件夹和文件继承授予它们的父文件夹的权限。

以 test02 文件夹为例，若要阻止权限继承，则可使用该文件夹的属性对话框，选择"安全"选项卡，单击"高级"按钮，打开"test02 的高级安全设置"对话框，如图 4.1 所示，选择某个要阻止继承的权限，单击"禁用继承"按钮，弹出"阻止继承"对话框，选择"将已继承的权限转换为此对象的显式权限。"或"从此对象中删除所有已继承的权限。"选项，如图 4.2 所示。

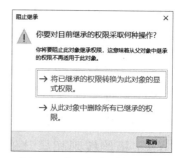

图 4.1 "test02 的高级安全设置"对话框　　　　图 4.2 "阻止继承"对话框

4. 共享文件夹权限与 NTFS 权限的组合

授予默认的共享文件夹权限，可以快速有效地控制对 NTFS 磁盘分区中的网络资源的访问。当共享的文件夹位于 NTFS 磁盘分区时，该共享文件夹的权限与 NTFS 权限进行组合，用以保护文件资源。

选择共享文件夹 share01 并单击鼠标右键，在弹出的快捷菜单中选择"属性"命令，弹出"share01 属性"对话框，如图 4.3 所示，单击"高级共享"→"权限"按钮，弹出"share01 的权限"对话框，如图 4.4 所示。

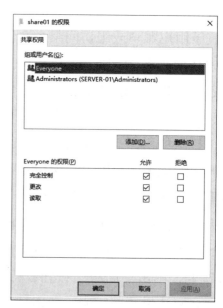

图 4.3 "share01 属性"对话框　　　　图 4.4 "share01 的权限"对话框

共享文件夹权限具有以下特点。

（1）默认的共享文件夹权限是"读取"权限，并被授予 Everyone 组。

（2）共享文件夹权限只适用于文件夹，不适用于单独的文件，并且只能为整个共享文件夹设置共享权限，而不能对共享文件夹中的文件或子文件夹设置共享权限。所以，共享文件夹权限不如 NTFS 权限详细。

（3）共享文件夹权限并不对直接登录到计算机上的用户账户起作用，只适用于通过网络连接该文件夹的用户账户，即共享文件夹权限对直接登录到服务器上的用户是无效的。

当管理员对 NTFS 权限和共享文件夹权限进行组合后，结果是组合的 NTFS 权限或者是组合的共享文件夹权限，哪个范围更小就取哪个。

当在 NTFS 分区卷上为共享文件夹授予权限时，应该遵循以下规则。

（1）必须分配 NTFS 权限。默认 Everyone 组具有"完全控制"权限。

（2）可以对共享文件夹中包含的文件和子文件夹应用不同的 NTFS 权限。

（3）除共享文件夹权限外，用户必须具有共享文件夹中的文件和子文件夹的 NTFS 权限才能访问其中的文件和子文件夹。

5. 复制和移动文件及文件夹

当从一个文件夹向另一个文件夹复制文件或文件夹时，或者从一个磁盘分区向另一个磁盘分区复制文件或文件夹时，这些文件和文件夹具有的权限可能会发生变化。

（1）当在单个 NTFS 磁盘分区内或在不同的 NTFS 磁盘分区之间复制文件或文件夹时，文件或文件夹的副本将继承目的地文件夹的权限。

（2）当将文件或文件夹复制到非 NTFS 磁盘分区（如 FAT 磁盘分区）中时，因为非 NTFS 磁盘分区不支持 NTFS 权限，所以这些文件或文件夹就会丢失它们的 NTFS 权限。

4.2 磁盘管理基础知识

从广义上来讲，硬盘、光盘和 U 盘等用来保存数据信息的存储设备都可以称为磁盘。其中，硬盘是计算机的重要组件，无论在 Windows 还是 Linux 中，都要使用硬盘。

4.2.1 MBR 磁盘与 GPT 磁盘

磁盘按分区表的格式可以分为主引导记录（Master Boot Record，MBR）磁盘和全局唯一标识分区表（Globally Unique Identifier Partition Table，GPT）磁盘两种。

1. MBR 磁盘

MBR 磁盘指的是采用 MBR 启动的物理磁盘，其中 MBR 分区表的大小是固定的，只能容纳 4 个主磁盘分区的信息，所以 MBR 磁盘最多能创建 4 个主磁盘分区（或者 3 个主磁盘分区和 1 个扩展磁盘分区）。MBR 限制了分区，为了能创建更多的分区，其引入扩展磁盘分区和逻辑驱动器，可以在扩展磁盘分区中创建多个逻辑驱动器。

MBR 磁盘采用 MBR 分区表，MBR 分区表存储在 MBR 内。MBR 位于磁盘最前端，使用基本输入 / 输出系统（Basic Input/Output System，BIOS），是固化在计算机上只读存储器（Read-Only Memory，ROM）芯片上的程序。程序启动时，BIOS 会先读取 MBR，并将控制权交给 MBR 内的程序，然后由此程序来完成后续的启动工作。在磁盘分区模式中，引导扇区是每个分区的第一扇区，而主引导扇区是磁盘的第一扇区。主引导扇区由 3 个部分组成：MBR、MBR 分区表和磁盘有效标识。由于 MBR 使用 4 个字节存储分区总扇区数，扇区最大可以表示 2 的 32 次方（即 2^{32}），一个扇区的大小为 512B，那么分区的容量或者磁盘容量就都不能超过 2TB，即一个 8TB 的硬盘在 MBR 磁盘中只能使用 2TB。在"大磁盘"时代，MBR 磁盘已经无法满足要求。

2. GPT 磁盘

GPT 是一种新的磁盘分区表格式，GPT 磁盘的分区表存储在 GPT 内，位于磁盘的前端，而且有主磁盘分区表和备份分区表，可提供容错功能。GPT 磁盘使用统一可扩展固件接口（Unified Extensible Firmware Interface，UEFI），其 BIOS 会先读取 GPT，并将控制权交给 GPT 内的程序，再由此程序来完成后续的启动工作。随着科技的不断发展，相当一部分用户需要经常用到大容量的磁盘，而 GPT 支持的最大卷为 18EB（1EB=1024PB=1048576TB）。

4.2.2　认识基本磁盘

Windows 中，磁盘分为基本磁盘和动态磁盘两种类型。

（1）基本磁盘：旧式的传统磁盘系统，新安装的硬盘默认是基本磁盘。

（2）动态磁盘：动态磁盘支持多种特殊的磁盘分区，有的可以提高系统访问效率，有的可以提供容错功能，还有的可以扩大磁盘的使用空间。

1. 基本磁盘

基本磁盘分区分为主磁盘分区和扩展磁盘分区。

（1）主磁盘分区

主磁盘分区可以用来启动操作系统，在划分磁盘的第 1 个分区时，会指定其为主磁盘分区，主要用来存放操作系统的启动文件或引导程序。计算机启动时，MBR 或 GPT 内的程序会到活动的主磁盘分区内读取与执行启动程序，并将控制权交给此启动程序来启动相关的操作系统。

（2）扩展磁盘分区

扩展磁盘分区只能用于存储文件，无法用于启动操作系统，也就是说，MBR 或 GPT 内的程序不会在扩展磁盘分区内读取与执行启动程序。

MBR 磁盘分区格式最多允许有 4 个主磁盘分区，如果用户想要创建更多的分区，那么应该怎么办呢？这就要使用扩展磁盘分区。用户可以创建一个扩展磁盘分区，并在扩展磁盘分区中创建多个逻辑驱动器，从理论上来说，逻辑驱动器没有数量限制。需要注意的是，创建扩展磁盘分区的时候会占用一个主磁盘分区的位置，因此，如果要创建扩展磁盘分区，则一个磁盘中最多只能创建 3 个主磁盘分区和 1 个扩展磁盘分区。扩展磁盘分区不是用来存放数据的，它的主要功能是创建逻辑驱动器。逻辑驱动器不能被直接创建，它必须依附于扩展磁盘分区，其容量受到扩展磁盘分区大小的限制，逻辑驱动器通常用于存放文件和数据。基本磁盘内的每一个主磁盘分区或逻辑驱动器又被称为基本卷，每一个主磁盘分区都可以被赋予一个驱动器号，如 C:、D: 等。Windows Server 2019 的磁盘管理如图 4.5 所示。

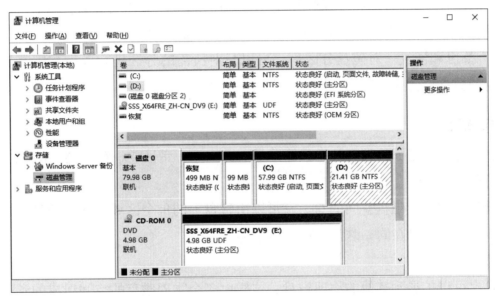

图 4.5　Windows Server 2019 的磁盘管理

Windows 的一个 GPT 磁盘内最多可以创建 128 个主磁盘分区，而每一个主磁盘分区都可以被赋予一个驱动器号，由于可以有 128 个主磁盘分区，因此 GPT 磁盘不需要扩展磁盘分区。大于 2TB 的磁盘分区需要使用 GPT 磁盘分区，有些旧版的 Windows（如 32 位的 Windows XP、Windows 2000 等）无法识别 GPT 磁盘。

对于新购置的物理磁盘，不管它用于 Windows 还是 Linux，都要进行如下操作。

① 分区：可以是一个分区或多个分区。

② 格式化：分区必须经过格式化才能创建文件系统。

③ 挂载：被格式化的磁盘分区必须挂载到操作系统相应的文件目录下。

Windows 会自动帮助用户完成挂载磁盘分区到文件目录的工作，即自动将磁盘分区挂载到盘符；Linux 会自动挂载根分区启动项，其他分区都需要用户自己配置，所有的磁盘分区都必须挂载到操作系统相应的文件目录下。

　　为什么要将一个磁盘划分成多个分区，而不是直接使用整个磁盘呢？主要有如下几个原因。

　　① 方便管理和控制。可以将系统中的数据（包括程序）按不同的应用分成几类，之后将不同类型的数据分别存放在不同的磁盘分区中。每个分区中存放的都是类似的数据，因此管理和控制会简单很多。

　　② 提高系统的效率。将磁盘分区后，可以直接缩短系统读写磁盘时磁头移动的距离，也就是说，缩小了磁头搜索的范围；如果不使用分区，则每次在磁盘中搜索信息时可能要搜索整个磁盘，搜索速度会很慢。另外，磁盘分区可以缓解碎片（文件不连续存放）造成的系统效率下降的问题。

　　③ 使用磁盘配额的功能限制用户使用的磁盘量。因为用户使用磁盘配额的功能，即只能在分区一级上使用，所以为了限制用户使用磁盘的总量，防止用户浪费磁盘空间（甚至将磁盘空间用完），最好先对磁盘进行分区，再分配给一般用户。

　　④ 便于备份和恢复。对磁盘分区后，可以只对所需的分区进行备份和恢复操作，这样备份和恢复的数据量会大大减小，操作也更简单和方便。

2. 动态磁盘

动态磁盘可以创建 5 种类型的卷：简单卷、跨区卷、带区卷、镜像卷、RAID-5 卷。

（1）简单卷

简单卷是构成单个磁盘空间的卷。它可以由磁盘上的单个区域或同一磁盘上连接在一起的多个区域组成，可以在同一磁盘内扩展简单卷。

（2）跨区卷

简单卷也可以扩展到其他的物理磁盘，这样由多个物理磁盘的空间组成的卷就称为跨区卷。跨区卷是由一个以上动态磁盘的磁盘空间组成的，如果所需的卷对于简单卷来说太大，则可以创建一个跨区卷，可以通过从另一个磁盘增加可用空间来扩展跨区卷。简单卷和跨区卷都不属于独立磁盘冗余阵列（Redundant Arrays of Independent Disks，RAID）范畴。

（3）带区卷

带区卷是以带区形式在两个或多个物理磁盘上存储数据的卷。带区卷上的数据被以带区形式交替、平均地分配给物理磁盘。带区卷是所有卷中读写性能最佳的，但是它不提供容错功能。如果带区卷上的任何一个磁盘的数据损坏或磁盘出现故障，则整个卷上的数据都将丢失。带区卷可以看作硬件 RAID 中的 RAID0，带区卷获取数据的速度要比简单卷或跨区卷快。

（4）镜像卷

镜像卷是用于在两个物理磁盘上复制数据的容错卷。它通过卷的副本复制对应卷中的信息来提供数据冗余，镜像总位于一个磁盘上。如果其中的一个物理磁盘出现故障，则该磁盘上的数据将不可用，但是系统可以使用未受影响的磁盘继续操作，镜像卷可以看作硬件 RAID 中的 RAID1。

（5）RAID-5 卷

RAID-5 卷是具有数据和奇偶检验信息的容错卷，数据分布于 3 个或更多的物理磁盘上，奇偶检验信息用于在阵列失效后重建数据。如果物理磁盘的某一部分损坏，则可以用冗余的数据和奇偶检验信息重新创建磁盘上损坏的那一部分数据。RAID-5 卷类似于硬件 RAID 中的 RAID5。

4.2.3　RAID 磁盘管理技术

RAID 通常简称为磁盘阵列。简单地说，RAID 是由多个独立的高性能磁盘驱动器组成的磁盘系统，提供了比单个磁盘更好的存储性能和数据冗余技术。

1. RAID 中的关键概念和技术

RAID 中的关键概念和技术包括镜像、数据条带和数据校验。

微课

V4.1　RAID 中的关键概念和技术

（1）镜像

镜像是一种冗余技术，为磁盘提供了保护功能，以防止磁盘发生故障而造成数据丢失。对于 RAID 而言，采用镜像技术将会同时在阵列中产生两个完全相同的数据副本，这两个数据副本分布在两个不同的磁盘驱动器组中。镜像提供了完全的数据冗余能力，当一个数据副本失效不可用时，外部系统仍可正常访问另一个数据副本，应用系统的运行和性能不会受到影响。此外，镜像不需要额外的计算和校验，修复故障非常快，直接复制数据即可。镜像技术可以从多个副本并发读取数据，提供了更高的读取性能，但不能并行写入数据，写入多个副本时会导致 I/O 性能降低。

（2）数据条带

磁盘存储的性能瓶颈在于磁头寻道定位，它是一种慢速机械运动，无法与高速的 CPU 匹配。此外，单个磁盘驱动器的性能存在物理极限，I/O 性能非常有限。RAID 由多个磁盘组成，数据条带技术将数据以块的方式分布存储在多个磁盘中，从而可以对数据进行并发处理。这样，写入和读取数据可在多个磁盘中同时进行，并发产生非常高的聚合 I/O，有效地提高整体 I/O 性能，且使磁盘具有良好的线性扩展能力。在对大量数据进行处理时，数据条带技术的效果尤其显著，如果不分块，则数据只能按顺序存储在 RAID 磁盘中，需要时再按顺序读取。而通过数据条带技术，可获得数倍于顺序访问的性能提升。

（3）数据校验

镜像技术具有安全性高、读取性能高的特点，但冗余开销太大。数据条带技术通过并发大幅提高了性能，但未考虑数据安全性、可靠性。数据校验是一种冗余技术，它以校验数据提供数据的安全性保障，可以检测数据错误，并在能力允许的前提下进行数据重构。相对于镜像，数据校验大幅减少了冗余开销，用较小的代价换取了极佳的数据完整性和可靠性。数据条带提高了整体性能，数据校验提供了数据安全性保障，不同等级的 RAID 往往同时结合使用这两种技术。

采用数据校验时，RAID 要在写入数据的同时进行校验计算，并将得到的校验数据存储在 RAID 成员磁盘中。校验数据可以集中保存在某个磁盘或分散存储在多个磁盘中，校验数据也可以分块，不同 RAID 等级的实现不相同。当其中的一部分数据出错时，可以对剩余数据和校验数据进行反校验计算以重建丢失的数据。对于镜像技术而言，数据校验技术节省了大量开销，但每次数据读写时都要进行大量的校验运算，因此对计算机的运算速度要求很高，必须使用硬件 RAID 控制器。在数据重建、恢复方面，数据校验技术比镜像技术复杂得多且速度慢得多。

2. 常见的 RAID 类型

（1）RAID0

RAID0 会把连续的数据分散到多个磁盘中进行存取，系统的数据请求可以被多个磁盘并行执行，每个磁盘都执行属于自己的数据请求。如果要使用 RAID0，则一台服务器至少需要两块硬盘，其读写速度是一块硬盘的 2 倍。如果有 N 块硬盘，则其读写速度是一块硬盘的 N 倍。虽然 RAID0 的读写速度可以提高，但是它没有数据冗余备份功能，因此其安全性较低。RAID0 技术结构示意如图 4.6 所示。

RAID0 技术的优缺点分别如下。

优点：充分利用 I/O 总线性能，使其带宽及读写速度翻倍；充分利用磁盘空间，使其利用率为 100%。

缺点：不提供数据冗余备份；无数据校验机制，无法保证数据的正确性；存在单点故障。

RAID0 多用于对数据完整性要求不高的场景，如日志存储、个人娱乐；对读写效率要求高，而对安全性要求不高的场景，如图像工作站。

（2）RAID1

RAID1 会通过镜像实现数据冗余，在成对的独立磁盘中产生互为备份的数据。当原始数据繁忙时，可直接从镜像副本中读取数据。同样地，如果要使用 RAID1，则至少需要两块硬盘，当读取数据时，其中一块硬盘会被读取，另一块硬盘用于备份。RAID1 的数据安全性较高，但是磁盘空间利用率较低，只有 50%。RAID1 技术结构示意如图 4.7 所示。

RAID1 技术的优缺点如下。

优点：提供了数据冗余，数据双倍存储；提供了良好的读取性能。

缺点：无数据校验机制；磁盘利用率低，成本高。

RAID1 多用于存放重要数据的领域，如数据存储领域。

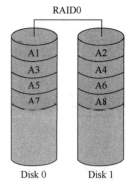

图 4.6 RAID0 技术结构示意

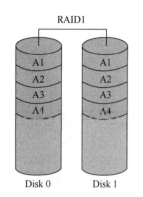

图 4.7 RAID1 技术结构示意

（3）RAID5

RAID5 应该是目前最常见的 RAID 类型之一，它具备很好的扩展性。当阵列磁盘数量增加时，并行操作的能力也随之增加，可支持更多的磁盘，从而拥有更高的容量及性能。RAID5 的磁盘可同时存储数据和校验数据，数据块和对应的校验信息保存在不同的磁盘中，当一块磁盘损坏时，系统可以根据同一条带的其他数据块和对应的校验信息来重建损坏的数据。与其他 RAID 等级一样，重建数据时，RAID5 的性能会受到较大的影响。

RAID5 兼顾了存储性能、数据安全和存储成本等各方面因素，基本上可以满足大部分的存储应用需求，数据中心大多采用它作为应用数据的保护方案。RAID0 大幅提升了设备的读写性能，但不具备容错能力；RAID1 虽然十分注重数据安全，但是磁盘利用率太低。RAID5 可以理解为 RAID0 和 RAID1 的折中方案，是目前综合性能较好的数据保护方案。一般而言，中小企业会采用 RAID5，大企业会采用 RAID10。RAID5 技术结构示意如图 4.8 所示。

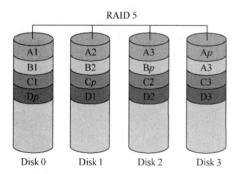

图 4.8 RAID5 技术结构示意

RAID5 技术的优缺点如下。

优点：读写性能高；有数据校验机制；磁盘空间利用率高。

缺点：磁盘越多，安全性越差。

RAID5 多用于对安全性要求高的场景，如金融、数据库等。

（4）RAID01

RAID01 先进行条带化再进行镜像，本质是对物理磁盘进行镜像；而 RAID10 是先进行镜像再进行条带化，本质是对虚拟磁盘进行镜像。在相同的配置下，RAID01 比 RAID10 具有更好的容错能力。

RAID01 的数据将同时写入两个 RAID 中，如果其中一个阵列损坏，则工作仍可继续进行，这在保证数据安全性的同时提高了性能。RAID01 和 RAID10 内部都含有 RAID1 模式，因此整体磁盘利用率仅为 50%。RAID01 技术结构示意如图 4.9 所示。

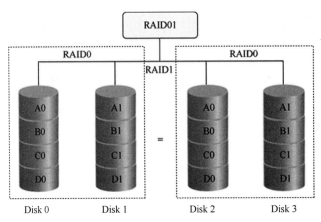

图4.9　RAID01技术结构示意

RAID01技术的优缺点如下。

优点：提供了较高的I/O性能；有数据冗余；无单点故障。

缺点：成本稍高；安全性比RAID10差。

RAID01特别适用于既有大量数据存取需要，又对数据安全性要求严格的领域，如银行、金融、商业超市、仓储库房、档案管理等领域。

（5）RAID10

RAID10技术结构示意如图4.10所示。

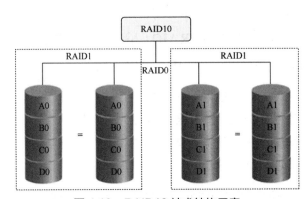

图4.10　RAID10技术结构示意

RAID10技术的优缺点如下。

优点：读取性能优于RAID01；提供了较高的I/O性能；有数据冗余；无单点故障；安全性高。

缺点：成本稍高。

RAID10同样适用于既有大量数据存取需要，又对数据安全性要求严格的领域，如银行、金融、商业超市、仓储库房、档案管理等领域。

（6）RAID50

RAID50具有RAID5和RAID0的共同特性。它由至少两组RAID5磁盘组成（其中，每组最少有3个磁盘），每一组都使用分布式奇偶位；而两组RAID5磁盘组建成RAID0，实现跨磁盘数据读取。RAID50 提供了可靠的数据存储和优秀的整体性能，并支持更大的卷容量。即使两个物理磁盘（每个阵列中的一个）都发生故障，数据也可以顺利恢复。RAID50 最少需要 6 个磁盘，适用于需要高可靠性存储、高读取速度、高数据传输性能的应用场景，包括事务处理和有许多用户存取小文件的办公应用程序。RAID50 技术结构示意如图 4.11 所示。

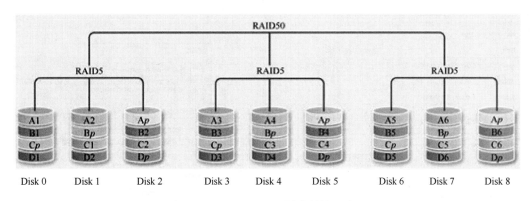

图 4.11　RAID50 技术结构示意

4.3　技能实践

在数据被存储到磁盘中之前，磁盘必须被划分成一个或数个磁盘分区，才能存取文件数据，并对文件和文件夹进行相应的管理。

4.3.1　压缩文件

将文件压缩后可以减少它们占用的磁盘空间，Windows Server 2019 支持 NTFS 压缩和压缩（Zipped）文件夹这两种不同的压缩方法。

微课

V4.2　压缩文件

1. NTFS 压缩

（1）这里对 NTFS 磁盘内的文件进行压缩，以 D 盘下的 test01 文件夹为例。选择 test01 文件夹并单击鼠标右键，在弹出的快捷菜单中选择"属性"命令，弹出"test01 属性"对话框，如图 4.12 所示。在"test01 属性"对话框中，单击"高级"按钮，弹出"高级属性"对话框，如图 4.13 所示。

（2）勾选"压缩内容以便节省磁盘空间"复选框，单击"确定"按钮，返回"test01 属性"对话框，单击"应用"按钮，弹出"确认属性更改"对话框，如图 4.14 所示。选择"将更改应用于此文件夹、子文件夹和文件"单选按钮，单击"确定"按钮，打开"本地磁盘（D:）"窗口，如图 4.15 所示，可以看到 test01 文件夹图标已经带有压缩标记。

当用户或应用程序要读取压缩文件时，系统会将文件从磁盘中读出、自动将解压后的内容提供给用户或应用程序，此时，存储在磁盘中的文件仍然是处于压缩状态的；而将数据写入文件时，数据会被自动压缩，然后写入磁盘中的文件。

图 4.12　"test01 属性"对话框

图 4.13　"高级属性"对话框

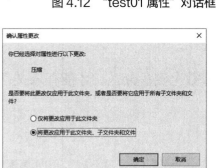

图 4.14　"确认属性更改"对话框

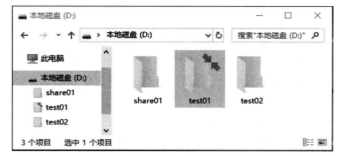

图 4.15　"本地磁盘（D:）"窗口

（3）可以将压缩或加密的 NTFS 文件以彩色显示出来。打开文件资源管理器窗口，如图 4.16 所示，选择"查看"选项卡，单击"选项"按钮，弹出"文件夹选项"对话框，选择"查看"选项卡，勾选"用彩色显示加密或压缩的 NTFS 文件"复选框，如图 4.17 所示。

图 4.16　文件资源管理器窗口

（4）可以针对整个磁盘进行压缩。选择磁盘（如 D 盘）并单击鼠标右键，在弹出的快捷菜单中选择"属性"命令，弹出"本地磁盘（D:）属性"对话框，勾选"压缩此驱动器以节约磁盘空间"复选框，如图 4.18 所示。

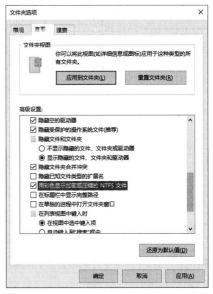

图 4.17 "文件夹选项"对话框

图 4.18 "本地磁盘（D:）属性"对话框

2. 压缩文件夹

无论是在 FAT16、FAT32、NTFS 还是在复原文件系统（Resilient File System，ReFS）中，都可以建立压缩文件夹。在利用文件资源管理器建立压缩文件夹后，被复制到此文件夹中的文件都会被自动压缩。在不需要自行解压的情况下，可以直接读取压缩文件夹中的文件，甚至可以直接执行其中的程序。压缩文件夹的扩展名为 .zip，它可以被 WinZip、WinRAR 等文件压缩工具软件解压。

（1）打开文件资源管理器窗口，这里以 D 盘下的 test02 文件夹为例进行说明。选择 test02 文件夹并单击鼠标右键，在弹出的快捷菜单中选择"发送到"→"压缩 (zipped) 文件夹"命令，如图 4.19 所示。

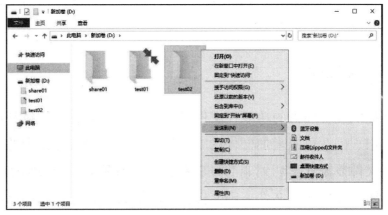

图 4.19 选择"压缩 (zipped) 文件夹"命令（1）

（2）也可以在文件资源管理器窗口右侧的窗格空白处单击鼠标右键，在弹出的快捷菜单中选择"新建"→"压缩 (zipped) 文件夹"命令，如图 4.20 所示，设置压缩文件的名称为test-zipped01.zip。

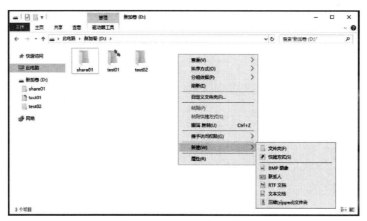

图 4.20　选择"压缩 (zipped) 文件夹"命令（2）

（3）系统默认会隐藏文件的扩展名。如果要显示文件的扩展名，则可打开文件资源管理器窗口，选择"查看"选项卡，勾选"文件扩展名"复选框，如图 4.21 所示。

图 4.21　勾选"文件扩展名"复选框

如果计算机中安装了 WinZip 或 WinRAR 等文件压缩工具软件，则系统会通过这些工具软件将压缩文件夹打开。

4.3.2　加密文件系统

加密文件系统提供文件加密的功能，文件经过加密后，只有当初将其加密的用户或被授权的用户才能够读取，因此可以增加文件的安全性。只有 NTFS 磁盘中的文件、文件夹才可以被加密，如果将文件复制或剪切到非 NTFS 磁盘中，则新文件会被解密。文件压缩与加密无法并存，若要加密已经压缩的文件，则文件会自动被解压；若要压缩已经加密的文件，则文件会自动被解密。

选择要加密的文件或文件夹并单击鼠标右键，在弹出的快捷菜单中选择"属性"命令，在弹出的属性对话框中单击"高级"按钮，弹出"高级属性"对话框，勾选"加密内容以便保护数据"复选框，如图4.22所示。单击"确定"按钮，返回属性对话框，单击"应用"按钮，弹出"确认属性更改"对话框，选择"将更改应用于此文件夹、子文件夹和文件"单选按钮，如图4.23所示。

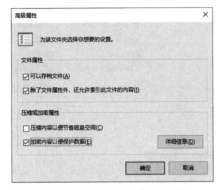

图4.22　"高级属性"对话框

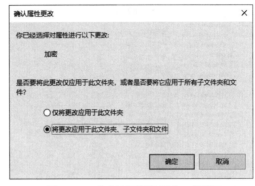

图4.23　"确认属性更改"对话框

如果将一个未加密文件复制或剪切到加密文件夹中，则该文件会被自动加密。当将一个加密文件复制或剪切到非加密文件夹中时，该文件仍然会保持其加密状态。

利用加密文件系统加密文件时，只有存储在硬盘内的文件才会被加密，在网络传输的过程中，文件是不能被加密的。如果希望文件在网络传输时仍然保持加密的安全状态，则可以通过互联网络层安全协议（Internet Protocol Security，IPSec）等方式来进行加密。

4.3.3　基本磁盘分区管理

在安装Windows Server 2019时，硬盘将自动初始化为基本磁盘。基本磁盘上的管理任务包括磁盘分区的建立、删除、查看，以及分区的挂载、磁盘碎片整理和优化驱动器等。

1. 添加新硬盘

练习硬盘分区操作时，为了操作方便，在虚拟机中添加一块新的硬盘，小型计算机系统接口（Small Computer System Interface，SCSI）的硬盘支持热插拔，因此可以在虚拟机开启的状态下直接添加硬盘。

（1）启动虚拟机，选择要添加硬盘的操作系统（Windows Server 2019）对应的选项并单击鼠标右键，在弹出的快捷菜单中选择"设置"命令，如图4.24所示，弹出"虚拟机设置"对话框，如图4.25所示。

（2）单击"添加"按钮，弹出"添加硬件向导"对话框，如图4.26所示。选择"硬盘"选项，单击"下一步"按钮，进入"选择磁盘类型"界面，选择"SCSI（S）（推荐）"单选按钮，如图4.27所示。

图 4.24　选择"设置"命令

图 4.25　"虚拟机设置"对话框

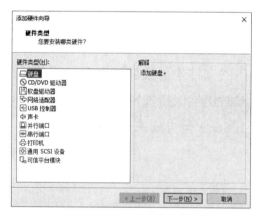

图 4.26　"添加硬件向导"对话框

图 4.27　"选择磁盘类型"界面

（3）单击"下一步"按钮，进入"选择磁盘"界面，如图 4.28 所示。选择"创建新虚拟磁盘"单选按钮，然后单击"下一步"按钮，进入"指定磁盘容量"界面，如图 4.29 所示。

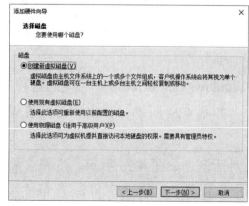

图 4.28　"选择磁盘"界面

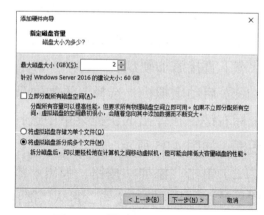

图 4.29　"指定磁盘容量"界面

（4）设置最大磁盘大小，单击"下一步"按钮，进入"指定磁盘文件"界面，如图4.30所示。单击"完成"按钮，返回"虚拟机设置"对话框。以相同的方法添加硬盘3～硬盘5，如图4.31所示。

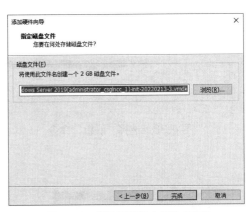

图4.30 "指定磁盘文件"界面

图4.31 添加新硬盘完成

2. 使用磁盘管理工具

Windows Server 2019 提供了一个界面非常友好的磁盘管理工具，使用该工具可以很轻松地完成各种基本磁盘和动态磁盘的配置及管理维护工作。

（1）以管理员身份登录 Windows Server 2019，打开"服务器管理器"窗口，选择"工具"→"计算机管理"命令，打开"计算机管理"窗口，选择"磁盘管理"选项，进行磁盘相关操作。

（2）以管理员身份登录 Windows Server 2019，按"Win+R"组合键，弹出"运行"对话框，输入"diskmgmt.msc"命令，打开"磁盘管理"窗口，如图4.32所示。选择刚刚添加的磁盘并单击鼠标右键，在弹出的快捷菜单中选择"联机"命令，如图4.33所示。

（3）选择对应磁盘并单击鼠标右键，在弹出的快捷菜单中选择"初始化磁盘"命令，弹出"初始化磁盘"对话框，选择"GPT（GUID 分区表）"单选按钮，如图4.34所示，单击"确定"按钮，完成磁盘初始化工作。

（4）因为 GPT 磁盘可以有多达 128 个主磁盘分区，不需要扩展磁盘分区，所以将 GPT 磁盘转换为 MBR 磁盘是创建扩展磁盘分区的前提。在磁盘 1 上单击鼠标右键，在弹出的快捷菜单中选择"转换成 MBR 磁盘"命令，如图4.35所示，可以将 GPT 磁盘转换成 MBR 磁盘。

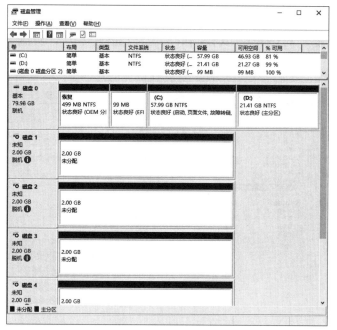

图 4.32　"磁盘管理"窗口

图 4.33　选择"联机"命令

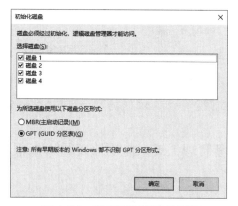

图 4.34　"初始化磁盘"对话框

图 4.35　选择"转换成 MBR 磁盘"命令

3. 新建基本卷

在磁盘中创建主磁盘分区和扩展磁盘分区，并在扩展磁盘分区中创建逻辑驱动器，应该如何操作呢？对于 MBR 磁盘，基本磁盘中的分区和逻辑驱动器称为基本卷，基本卷只能在基本磁盘中创建。

（1）创建主磁盘分区

① 打开"磁盘管理"窗口，选择"磁盘 5"的未分配空间并单击鼠标右键，在弹出的快捷菜单中选择"新建简单卷"命令，如图 4.36 所示。弹出"新建简单卷向导"对话框，如图 4.37 所示。

② 单击"下一步"按钮，进入"指定卷大小"界面，输入简单卷大小，如图 4.38 所示。单击"下一步"按钮，进入"分配驱动器号和路径"界面，选择"分配以下驱动器号"单选按钮，如图 4.39 所示。

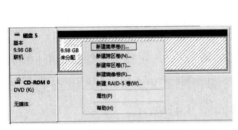

图 4.36　选择"新建简单卷"命令

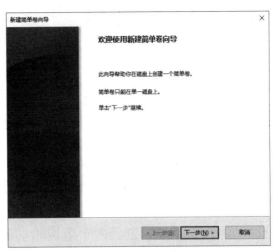

图 4.37　"新建简单卷向导"对话框

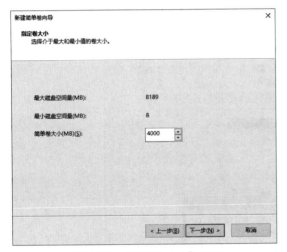

图 4.38　"指定卷大小"界面

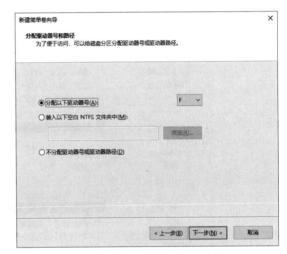

图 4.39　"分配驱动器号和路径"界面

③ 单击"下一步"按钮，进入"格式化分区"界面，如图 4.40 所示。选择"按下列设置格式化这个卷"单选按钮，单击"下一步"按钮，进入"正在完成新建简单卷向导"界面，如图 4.41 所示。

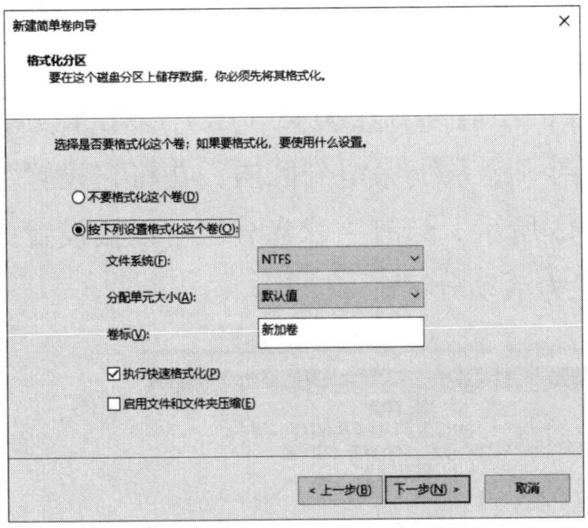

图 4.40　"格式化分区"界面

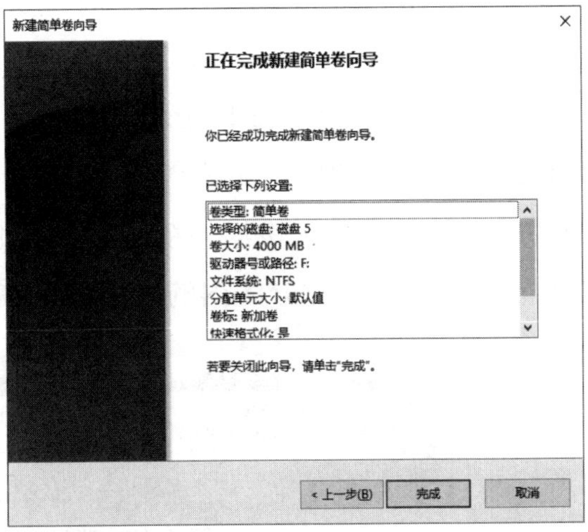

图 4.41　"正在完成新建简单卷向导"界面

④ 单击"完成"按钮，完成主磁盘分区的创建，可以重复以上步骤创建其他主磁盘分区，这里不再赘述。

（2）创建扩展磁盘分区

Windows Server 2019 中不能直接创建扩展磁盘分区，必须创建完 3 个主磁盘分区后才能创建扩展磁盘分区。

① 在磁盘 5 上再创建两个主磁盘分区，完成 3 个主磁盘分区的创建。

② 创建扩展磁盘分区的过程与创建主磁盘分区的过程相似，这里不再赘述。不同的是，当创建完成并显示"状态良好"的分区信息后，系统会自动将刚才创建的分区设置为扩展磁盘分区的逻辑驱动器，创建两个逻辑驱动器（G:、H:），如图 4.42 所示。

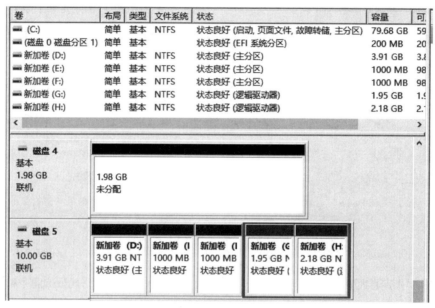

图 4.42　创建逻辑驱动器（G:、H:）

4．指定活动的磁盘分区

在安装 Windows Server 2019 时，安装程序会自动建立两个磁盘分区，用作系统的保留分区，即原始设备制造商（Original Equipment Manufacturer，OEM）分区和可扩展固件接口（Extensible Firmware Interface，EFI）分区。此外，还有第 3 个分区（C:）以用来安装 Windows Server 2019，安装程序会将启动文件放置到一个系统保留分区内，并将它设置为"活动"，此磁盘分区扮演系统分区的角色，如图 4.43 所示。只有主磁盘分区可以被设置为活动分区，扩展磁盘分区内的逻辑驱动器无法被设置为活动分区。

图 4.43　磁盘 0 的启动分区、系统分区和活动分区

OEM 分区通常是品牌厂商预装系统、出厂随机软件及一键还原软件的存放分区。OEM 分区内的文件是更新版本之后出现意外错误无法修复且需要恢复旧版本操作系统时需要的系统备份文件。

EFI 是由 Intel 公司推出的一种在未来的计算机系统中替代 BIOS 的升级方案。EFI 系统分区（EFI System Partition，ESP）是一个 FAT16 或 FAT32 的物理分区，该分区在 Windows 中一般是不可见的，支持 EFI 的计算机需要从 ESP 启动系统。EFI 固件可从 ESP 加载 EFI 启动程序或者应用，ESP 是系统引导分区。

以 x86、x64 计算机来说，系统分区内存储着启动文件，如启动管理器（Boot Manager）文件等。使用 BIOS 模式工作的计算机启动时，计算机主板上的 BIOS 会读取磁盘内的 MBR，并由 MBR 读取系统分区的启动程序。此程序位于系统分区最前端的分区启动扇区（Partition Boot Sector），再由此程序读取系统分区内的启动文件，启动文件到启动分区内加载操作系统文件并启动操作系统。因为 MBR 是到活动的磁盘分区中读取启动程序的，所以必须将系统分区设置为"活动"。

5．更改驱动器和路径

Windows Server 2019 默认为每个分区分配一个驱动器号，对应分区就成为一个逻辑上的独立驱动器，有时出于管理目的，可能需要修改默认分配的驱动器号。

（1）更改驱动器号

① 选择 CD-ROM 0 光盘（E:），如图 4.44 所示，单击鼠标右键，在弹出的快捷菜单中选择"更改驱动器号和路径"命令，弹出"更改 E:0 的驱动器号和路径"对话框，如图 4.45 所示。

图 4.44　CD-ROM 0 光盘（E:）

② 单击"更改"按钮，弹出"更改驱动器号和路径"对话框，在"分配以下驱动器号"单选按钮右侧的下拉列表中选择"R"选项，如图 4.46 所示。单击"确定"按钮，将光盘驱动器号由 E 更改为 R，如图 4.47 所示。

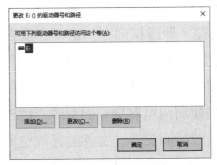

图 4.45　"更改 E:0 的驱动器号和路径"对话框

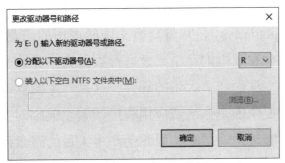

图 4.46　"更改驱动器号和路径"对话框

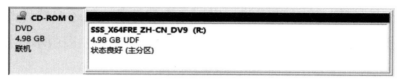

图 4.47　CD-ROM 0 光盘（R:）

（2）更改磁盘路径

当某个分区的空间不足且难以扩展空间时，可以通过挂载一个新分区到该分区的某个文件夹的方法达到扩展磁盘空间的目的。因此，挂载的分区会使数据更容易访问，并增强了基于工作环境和系统使用情况管理数据存储的灵活性。

当 C 盘的空间较小时，可将程序文件移动到其他大容量驱动器上，如 G 盘，并将它作为 C:\myfile 挂载。这样，所有保存在 C:\myfile 文件夹下的文件事实上都保存在 G 盘中。

① 在"磁盘管理"窗口中，选择目标驱动器 G 盘并单击鼠标右键，在弹出的快捷菜单中选择"更改驱动器号和路径"命令，弹出"更改 G:（新加卷）的驱动器号和路径"对话框，如图 4.48 所示。单击"添加"按钮，弹出"添加驱动器号或路径"对话框，在"装入以下空白 NTFS 文件夹中"单选按钮下方的文本框中输入"C:\myfile"路径，如图 4.49 所示。

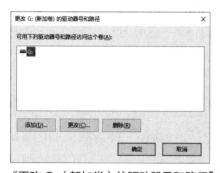

图 4.48　"更改 G:（新加卷）的驱动器号和路径"对话框

图 4.49　"添加驱动器号或路径"对话框

② 单击"确定"按钮，返回"磁盘管理"窗口。在 C:\myfile 文件夹下新建文件，并查看 G 盘中的信息，会发现文件实际存储在 G 盘中。

4.3.4　碎片整理和优化驱动器

在 Windows 的逻辑分区中，文件并不总保存在磁盘的连续簇中，而是被分散保存在不同的位置。当应用程序所需的物理内存不足时，Windows 会在磁盘中生成交换文件（通常为 pagefile.sys），并将交换文件所占用的磁盘空间虚拟成内存，即虚拟内存。由于需要在物理内存和虚拟内存中频繁进行数据交换，故 Windows 虚拟内存管理程序会对磁盘进行频繁的读写，从而产生大量的碎片，这是产生磁盘碎片的一个主要原因。另外，产生磁盘碎片的另一主要原因是系统或应用程序频繁生成临时文件，例如，当使用浏览器浏览网页时，由于需要不断地进行缓存，因此会产生大量的磁盘碎片。磁盘使用的时间长了，文件的存放位置就会变得"支离破碎"，这些"碎片文件"的存在会降低磁盘的工作效率，还会增加数据丢失和损坏的可能性。碎片整理程序把碎片收集在一起，并把它们作为一个连续的整体存放在磁盘中。

碎片整理和优化驱动器可以重新安排计算机磁盘中的文件、程序以及未使用的空间，使程序运行得更快、文件打开得更快，磁盘碎片整理并不影响数据的完整性。

打开"服务器管理器"窗口，选择"工具"→"碎片整理和优化驱动器"命令，打开"优化驱动器"对话框，如图4.50所示。在此选择相应的硬盘驱动器，单击"更改设置"按钮，弹出"优化驱动器"对话框，可以对驱动器进行分析和优化，如图4.51所示。

图 4.50 "优化驱动器"对话框

图 4.51 "优化驱动器"对话框

4.3.5 磁盘配额管理

磁盘配额是计算机中指定的磁盘存储限制。管理员可以为用户所能使用的磁盘空间进行配额限制，每一个用户都只能使用最大配额范围内的磁盘空间。磁盘配额可以限制指定账户能够使用的磁盘空间，这样可以避免因某个用户的过度使用而造成其他用户无法正常使用甚至影响系统运行的情况。在服务器管理中，此功能非常重要。

1. 磁盘配额基础知识

在 Windows Server 2019 中，对于 NTFS 卷的磁盘配额跟踪及控制磁盘空间的使用，系统管理员 Administrator 可以进行如下配置。

（1）当用户使用的磁盘空间超过了指定的磁盘配额限制（也就是允许用户使用的磁盘空间量）时，防止用户进一步使用磁盘空间并记录事件。

（2）当用户使用的磁盘空间超过了指定的磁盘配额警告级别（也就是用户接近其配额限制的点）时记录事件。

启动磁盘配额时，可以设置两个值：磁盘配额限制和磁盘配额警告级别。例如，可以把用户的磁盘配额限制设为 500MB，并把磁盘配额警告级别设为 450MB。在这种情况下，用户可在卷上存储不超过 500MB 的文件。如果用户在卷上存储的文件超过 450MB，则启动磁盘配额警告系统，并记录系统事件。只有 Administrators 组的成员才能管理卷上的配额。

可以指定用户能超过其配额限制。如果不想拒绝用户对卷的访问却又想跟踪每个用户的磁盘空间使用情况，启用配额但不限制磁盘空间的使用是非常有用的。也可指定不管用户超过配额警告级别还是超过配额限制都不记录事件。

启用卷的磁盘配额时，系统从启用时起自动跟踪新用户卷的使用。

只要使用 NTFS 将卷格式化，就可以在本地卷、网络卷以及可移动驱动器上启用磁盘配额。另外，网络卷必须从卷的根目录中共享，可移动驱动器也必须是共享的。Windows 安装将自动升级使用 Windows NT 中的 NTFS 格式化的卷。

由于按未压缩时的大小来跟踪压缩文件，因此不能使用文件压缩来防止用户超过其配额限制。例如，500MB 的文件在压缩后为 400MB，Windows 将按照 500MB 计算配额限制。否则，Windows 将跟踪压缩文件夹的使用情况，并根据压缩的大小来计算配额限制。例如，500MB 的文件夹在压缩后为 300MB，那么 Windows 只将配额限制计算为 300MB。

2. 设置磁盘配额

以管理员 Administrator 的身份登录 Windows Server 2019，打开文件资源管理器窗口。

（1）选择 D 盘并单击鼠标右键，在弹出的快捷菜单中选择"属性"命令，弹出"本地磁盘（D:）属性"对话框，选择"配额"选项卡，勾选"启用配额管理"复选框，在"为该卷上的新用户选择默认配额限制："选项组中，选择"将磁盘空间限制为"单选按钮，勾选"用户超出配额限制时记录事件"复选框、"用户超过警告等级时记录事件"复选框，如图 4.52 所示。单击"配额项"按钮，打开"（D:）的配额项"窗口，如图 4.53 所示。

图 4.52　"本地磁盘（D:）属性"对话框

图 4.53　"（D:）的配额项"窗口

（2）选择"配额"→"新建配额项"命令，弹出"选择用户"对话框，单击"高级"→"立即查找"按钮，即可在"搜索结果"列表框中选择要添加的用户，单击"确定"按钮，如图 4.54 所示。单击"确定"按钮，弹出"添加新配额项"对话框，如图 4.55 所示，设置当前用户的磁盘配额限制后，单击"确定"按钮，返回"（D:）的配额项"窗口，查看新添加的用户配额项，如图 4.56 所示。

图 4.54 添加用户

图 4.55 "添加新配额项"对话框

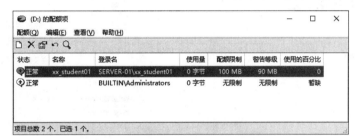
图 4.56 查看新添加的用户配额项

4.3.6 动态磁盘卷管理

在 Windows Server 2019 中的动态磁盘中创建卷与在基本磁盘中创建分区的操作类似。

1. 创建 RAID-5 卷

（1）以管理员 Administrator 的身份登录 Windows Server 2019，按"Win+R"组合键，弹出"运行"对话框，输入"diskmgmt.msc"命令，打开"磁盘管理"窗口，选择"磁盘 1"并单击鼠标右键，弹出快捷菜单，如图 4.57 所示。选择"转换到动态磁盘"命令，弹出"转换为动态磁盘"对话框，勾选"磁盘 1"～"磁盘 4"复选框，将这 4 个磁盘转换为动态磁盘，如图 4.58 所示。

（2）在磁盘 1 的未分配空间上单击鼠标右键，在弹出的快捷菜单中选择"新建 RAID-5 卷"命令，弹出"新建 RAID-5 卷"对话框，如图 4.59 所示，单击"下一步"按钮，进入"选择磁盘"界面，如图 4.60 所示。

（3）将"可用"列表框中的磁盘选项都添加至"已选的"列表框中，单击"下一步"按钮，进入"分配驱动器号和路径"界面，如图 4.61 所示，选择"分配以下驱动器号"单选按钮，并选择"K"选项，单击"下一步"按钮，进入"卷区格式化"界面，选择"按下列设置格式化这个卷"单选按钮，如图 4.62 所示，勾选"执行快速格式化"复选框。

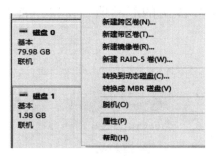

图 4.57　快捷菜单

图 4.58　"转换为动态磁盘"对话框

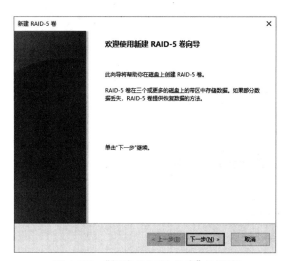

图 4.59　"新建 RAID-5 卷"对话框

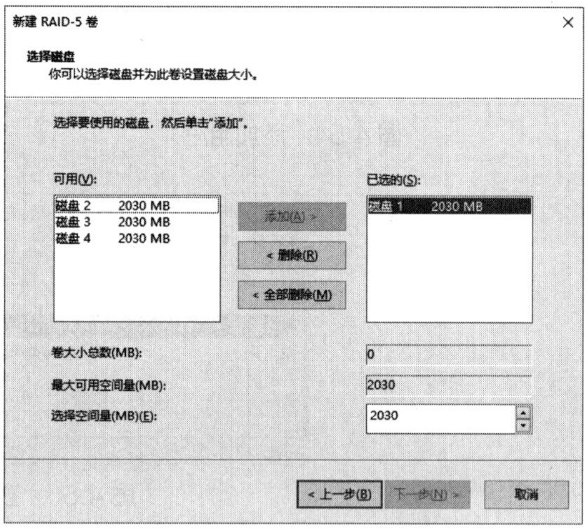

图 4.60　"选择磁盘"界面

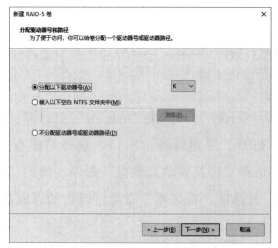

图 4.61　"分配驱动器号和路径"界面

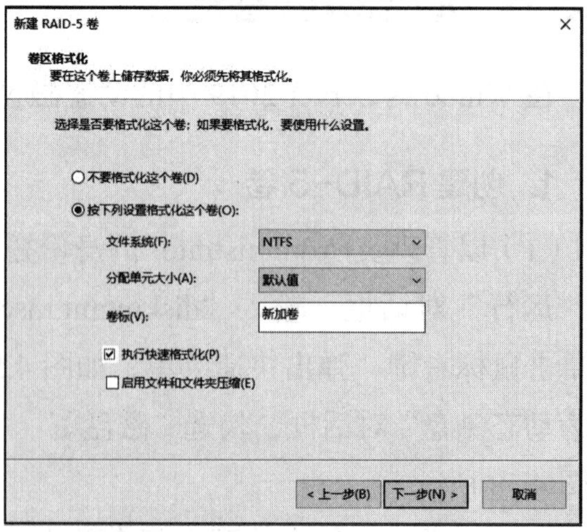

图 4.62　"卷区格式化"界面

（4）单击"下一步"按钮，进入"正在完成新建 RAID-5 卷向导"界面，如图 4.63 所示，单击"完成"按钮，返回"磁盘管理"窗口，如图 4.64 所示。

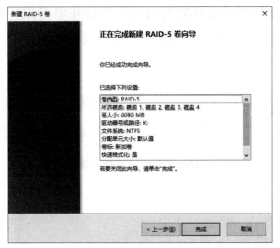

图 4.63　"正在完成新建 RAID-5 卷向导"界面

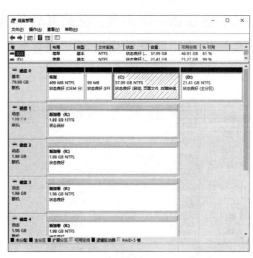

图 4.64　RAID-5 卷创建完成后的"磁盘管理"窗口

2. 维护 RAID-5 卷

在 Windows Server 2019 上建立 RAID-5 卷（K 盘），使用磁盘 1～磁盘 4，在 K 盘中新建文件夹 test01，供测试使用。（磁盘驱动器号根据不同的情况会有变化。）

对于 RAID-5 卷的错误，可选择该卷并单击鼠标右键，在弹出的快捷菜单中选择"重新激活卷"命令进行修复。如果修复失败，则需要更换磁盘并在新磁盘中重建 RAID-5 卷。RAID-5 卷的故障恢复过程如下。

（1）构建故障。在虚拟机的设置中，将第 2 块 SCSI 控制器上的硬盘删除，返回"磁盘管理"窗口，可以看到"磁盘 2"显示为"丢失"，K 盘显示为"失败的重复"，如图 4.65 所示。

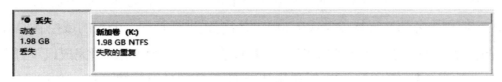

图 4.65　构建故障

（2）选择要修复的 RAID-5 卷并单击鼠标右键，在弹出的快捷菜单中选择"重新激活卷"命令，如图 4.66 所示。由于成员磁盘失效，所以会弹出有"缺少成员。"提示的对话框，如图 4.67 所示。

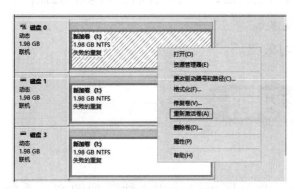

图 4.66　选择"重新激活卷"命令

图 4.67　有"缺少成员。"提示的对话框

（3）新添加一个磁盘，并将其转换为动态磁盘，选择要修复的 RAID-5 卷并单击鼠标右键，在弹出的快捷菜单中选择"修复卷"命令，如图 4.68 所示，弹出"修复 RAID-5 卷"对话框，如图 4.69 所示。

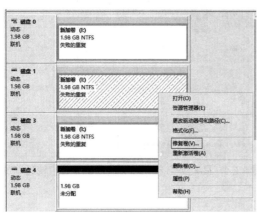

图 4.68　选择"修复卷"命令

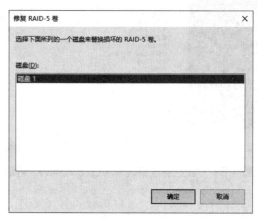

图 4.69　"修复 RAID-5 卷"对话框

（4）单击"确定"按钮，返回"磁盘管理"窗口，可以看到 RAID-5 卷在新磁盘中重新建立，并进行了数据的同步操作。同步完成后，RAID-5 卷被成功修复，可以看到 K 盘中的文件夹 test01 仍然存在。

课后实训

随着业务的发展，某公司现有的工作组模式的网络已经不能满足业务需求，经过多方论证，公司决定使用服务器 Windows Server 2019 的域模式进行管理，公司的域控制器 Win2019-01 新增了 5 个硬盘，公司的成员服务器 Win2019-03 新增了 3 个硬盘，请完成以下任务。

（1）在成员服务器 Win2019-03 上初始化磁盘，在磁盘上新建分区，创建主磁盘分区与扩展磁盘分区，并进行合理设置。

（2）格式化磁盘分区，并标注磁盘分区为活动分区。

（3）对磁盘进行碎片整理。

（4）在域控制器 Win2019-01 上添加磁盘，初始化磁盘，并将磁盘转换为动态磁盘。

（5）创建 RAID-5 卷，并进行相应的数据恢复实验。

请按照上述要求做出合适的配置，以检查学习效果。

课后习题

1. 填空题

（1）运行 Windows Server 2019 的计算机的磁盘分区可以使用 3 种类型的文件系统：

（ ）、（ ）和（ ）。

（2）将 D 盘 FAT 分区转换为 NTFS 分区的命令为（ ）。

（3）NTFS 具有的 3 个功能：（ ）、（ ）和（ ）。

（4）NTFS 分区主要由（ ）、（ ）、（ ）和文件属性 4 个部分组成。

（5）NTFS 文件权限有（ ）、（ ）、修改、（ ）、（ ）和特殊权限。

（6）磁盘按分区表的格式可以分为（ ）磁盘和（ ）磁盘。

（7）Windows 将磁盘分为（ ）和（ ）两种类型。

（8）对于新购置的物理磁盘，不管用于 Windows 还是 Linux，都要进行（ ）、（ ）和挂载操作。

（9）Windows 的一个 GPT 磁盘内最多可以建立（ ）个主磁盘分区，因此 GPT 磁盘不需要（ ）分区。

（10）MBR 磁盘最多允许有（ ）个主磁盘分区，或（ ）个主磁盘分区和 1 个扩展磁盘分区。

（11）动态磁盘可以创建 5 种类型的卷：（ ）、（ ）、带区卷、镜像卷、（ ）。

（12）Windows Server 2019 支持 NTFS 压缩和（ ）这两种不同的压缩方法。

（13）在 Windows Server 2019 中，按"Win+R"组合键，弹出"运行"对话框，输入（ ）命令，可打开"磁盘管理"窗口。

（14）当在 NTFS 分区卷上为共享文件夹授予权限时，默认 Everyone 组具有（ ）权限。

2. 简答题

（1）简述 FAT 文件系统的特点。

（2）简述 NTFS 的功能。

（3）简述 NTFS 的特点。

（4）简述 NTFS 的权限。

（5）简述 NTFS 分区的主要组成部分。

（6）简述 FAT 文件系统与 NTFS 的区别。

（7）简述 MBR 磁盘与 GPT 磁盘各自的特点。

（8）简述动态磁盘类型。

（9）简述 RAID 磁盘管理技术的原理。

第5章

DNS服务器配置管理

本章主要讲解 DNS 基础知识和技能实践，包括 DNS 简介、域名空间结构、DNS 的工作原理、DNS 服务器的类型、安装 DNS 服务器角色和管理 DNS 服务、部署主 DNS 服务器、部署辅助 DNS 服务器等相关内容。

学习目标

【知识目标】
- 理解DNS的概念及域名空间结构。
- 掌握DNS的工作原理。
- 掌握DNS服务器的类型。

【能力目标】
- 掌握DNS服务器角色的安装方法和DNS服务的管理方法。
- 掌握部署主DNS服务器、部署辅助DNS服务器等的相关操作。

【素养目标】
- 培养自我学习的能力和习惯。
- 培养工匠精神，要求做事严谨、精益求精、着眼细节、爱岗敬业。

5.1 DNS 基础知识

微课

V5.1 DNS
基础知识

DNS 是进行域名（Domain Name）和与之对应的 IP 地址（IP Address）转换的服务器。DNS 中保存域名和与之对应的 IP 地址的表，以解析消息的域名。域名是 Internet 中某一台计算机或计算机组的名称，用于在数据传输时标识计算机的电子方位（有时也指地理位置）。域名是由一串用点分隔的名称组成的，通常包含组织名，且始终包括 2 ～ 3 个字母的后缀，以指明组织的类型或域名所在的国家或地区。

5.1.1 DNS 简介

DNS 的核心思想是分级，是一种分布式的、分层次的、客户端/服务器模式的数据库管理系统。它主要用于将域名映射成 IP 地址。一般来说，每个组织都有自己的 DNS 服务器，并维护域名映射数据库记录或资源记录。每个登记的域都将自己的数据库列表提供给整个网络进行复制。

　　IP 地址是主机的身份标识，但是对人类来说，记住大量的诸如 202.199.184.189 的 IP 地址太难了，相对而言，主机名一般具有一定的含义，比较容易记忆，因此，如果计算机能够提供某种工具，使用户可以方便地根据主机名获得 IP 地址，那么这个工具会备受用户青睐。在网络发展的早期，一种简单的实现方法就是把域名和 IP 地址的对应关系保存在一个文件中，计算机利用这个文件进行域名解析，例如，在 Linux 中，这个文件就是 /etc/hosts，其内容如下。

```
[root@localhost ~]# cat  /etc/hosts
127.0.0.1    localhost localhost.localdomain localhost4 localhost4.localdomain4
::1          localhost localhost.localdomain localhost6 localhost6.localdomain6
[root@localhost ~]#
```

　　这种方法实现起来很简单，但是它有一个非常大的缺点，即内容更新不灵活，每台主机都要配置这样的文件，并要及时更新内容，否则就得不到最新的域名信息，因此它只适用于一些规模较小的网络。随着网络规模的不断扩大，用单一文件实现域名解析的方法不再适用，取而代之的是基于分布式数据库的 DNS。DNS 将域名解析的功能分散到不同层级的 DNS 服务器中，这些 DNS 服务器协同工作，提供可靠、灵活的域名解析服务。

　　这里以日常生活中的常见例子进行介绍。公路上的汽车都有唯一的车牌号，如果有人说自己的车牌号是"80H80"，那么我们无法知道这个车牌号属于哪个城市，因为不同的城市都可以分配这个车牌号。现在假设这个车牌号来自辽宁省沈阳市，而沈阳市在辽宁省的城市代码是"A"，现在把城市代码和车牌号组合在一起，得到"A80H80"，但还是无法确定这个车牌号的属地，因为其他的省份也有代码是"A"的城市，此时需要把辽宁省的简称"辽"加入，得到"辽 A 80H80"，这样才能确定车牌号的属地。

　　在这个例子中，辽宁省代表一个地址区域，定义了一个命名空间，这个命名空间的名称是"辽"。辽宁省的各个城市也有自己的命名空间，如"辽 A"表示沈阳市，"辽 B"表示大连市，只有在各个城市的命名空间中才能为汽车分配车牌号。在 DNS 中，域名空间就是"辽"或"辽 A"这样的命名空间，而主机名就是实际的车牌号。

　　与车牌号的命名空间一样，DNS 的域名空间也是分级的，在 DNS 域名空间中，最上面的一层被称为"根域"，用"."表示。从根域开始向下依次划分为顶级域、二级域等各级子域，最下面的一层是主机。子域和主机的名称分别称为域名和主机名，域名又有相对域名和绝对域名之分，就像 Linux 文件系统中的相对路径和绝对路径一样，如果从下往上将主机名及各级子域的所有绝对域名组合在一起，并用"."分隔，就构成了主机的完全限定域名（Fully Qualified Domain Name，FQDN）。例如，辽宁省交通高等专科学校的 Web 服务器的主机名为"www"，域名为"lncc.edu.cn"，那么其 FQDN 就是"www.lncc.edu.cn"，通过

FQDN 可以唯一地确定互联网中的某一台主机。

5.1.2 域名空间结构

DNS 服务器提供了域名解析服务，但不是所有的域名都可以交给一台 DNS 服务器来解析，因为互联网中有不计其数的域名，且域名的数量还在不断增长。一种可行的方法是把域名空间划分成若干区域进行独立管理，区域是连续的域名空间，每个区域都由特定的 DNS 服务器来管理，一台 DNS 服务器可以管理多个区域，每个区域都在单独的区域文件中保存域名解析数据。

微课

V5.2　域名空间结构

1. 根域和顶级域

在域名空间结构中，根域位于顶层，提供根域名服务，管理根域的 DNS 服务器称为根域服务器。在 Internet 中，根域是默认的，一般不需要表示出来。顶级域位于根域的下一层，常见的顶级域有商业机构的".com"，教育、学术研究单位的".edu"，财团法人等非营利机构的".org"，官方政府单位的".gov"，网络服务机构的".net"，专业人士网络的".pro"，以及代表国家和地区的中国的".cn"、美国的".us"、日本的".jp"等。顶级域服务器负责管理顶级域名的解析，在顶级域服务器下面还有二级域服务器等。假如现在把解析"www.lncc.edu.cn"的任务交给根域服务器，根域服务器并不会直接返回对应主机名的 IP 地址，因为根域服务器只知道各个顶级域服务器的地址，它会把解析".cn"顶级域名的权限授予其中一台顶级域服务器（假设是服务器 A）。这个过程会一直继续下去，直到最后有一台负责处理".lncc.edu.cn"的服务器直接返回"www.lncc.edu.cn"的 IP 地址。在这个过程中，DNS 把域名的解析权限层层向下授予下一级 DNS 服务器，这种基于授权的域名解析就是 DNS 的分级管理机制，又称为区域委派。

目前，全球共有 13 台根域服务器，这 13 台根域服务器的名称分别为 A ～ M，其中有 10 台放置在美国，另外 3 台分别放置在英国、瑞典和日本。其中，1 台为主根服务器，放置在美国；其余 12 台均为辅根服务器，9 台放置在美国，2 台放置在英国和瑞典，1 台放置在日本。所有根域服务器均由美国政府授权的互联网域名与号码分配机构统一管理，该机构负责全球互联网域名根服务器、域名体系和 IP 地址等的管理。这 13 台根域服务器可以指挥类似 Firefox 等 Web 浏览器和电子邮件程序控制互联网通信。

2. 子域

在 DNS 域名空间中，除了根域和顶级域之外，其他域都称为子域。子域是有上级域的域，一个域中可以有多个子域。子域是相对而言的，如 www.lncc.edu.cn 中，www.lncc.edu 是 cn 的子域，lncc 是 edu.cn 的子域。

和根域相比，顶级域实际上是处于第二级的域，但它还是被称为顶级域。根域从技术的含义上说是一个域，但常常不被当作一个域。根域只有很少几个根级成员，它们的存在只是为了支持域名树的存在。

第二级域（顶级域）是属于单位团体或地区的，用域名的最后一部分（即域后缀）分类。例如，域名 edu.cn 代表中国的教育系统。多数域后缀可以反映使用域名的组织、单位的性质，但并不总是很容易通过域后缀来确定其所代表的组织、单位的性质。

3. 主机

在域名层次结构中，主机可以存在于根域以下的各层。域名树是层次型的，而不是平面型的，因此只要求主机名在每一个连续的域名空间中是唯一的，而在相同层中可以有相同的名称，如 www.lncc.edu.cn、www.ryjiaoyu.com 都是有效的主机名。也就是说，即使主机名有相同的 www，也都可以被正确地解析，即只要主机在不同的子域，就可以重名。

5.1.3　DNS 的工作原理

域名的解析方法主要有两种：一种是通过 hosts 文件进行解析，另一种是通过 DNS 服务器进行解析。

微课

V5.3　DNS
的工作原理

1. hosts 文件

通过 hosts 文件解析域名是 Internet 中最初使用的一种方法。采用 hosts 文件进行解析时，必须手动输入、删除、修改所有 DNS 名称与 IP 地址的对应数据，即把全世界所有的 DNS 名称写在一个文件中，并将该文件存储到解析服务中。如果客户端需要解析名称，则要在解析服务器中查询 hosts 文件。全世界所有的解析服务器中的 hosts 文件都需要保持一致。当网络规模较小时，通过 hosts 文件进行域名解析的这种方法还是可以采用的。然而，当网络规模越来越大时，为保持网络中所有服务器的 hosts 文件的一致性，需要进行大量的管理和维护工作。在大型网络中，这将是一项沉重的工作，这种方法显然是不适用的。

在 Windows Server 2019 中，hosts 文件位于 %systemroot%system32\drivers\etc 目录中。本书中，该文件位于 C:\Windows\system32\drivers\etc 目录下。该文件是一个纯文本文件，如图 5.1 所示。

2. DNS 服务器

通过 DNS 服务器进行域名解析是目前 Internet 上最常用、最便捷的域名解析方法之一。全世界有众多 DNS 服务器，它们各司其职，协同工作，构成了一个分布式的 DNS 域名解析网络。例如，lncc.edu.cn 的 DNS 服务器只负责本域内数据的更新，而其他 DNS 服务器并不知道也无须知道 lncc.edu.cn 域中有哪些主机，但它们知道 lncc.edu.cn 的 DNS 服务器的位置。

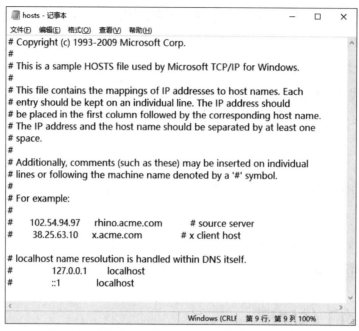

图 5.1　Windows Server 2019 中的 hosts 文件

当需要解析 lncc.edu.cn 时，它们就会向 lncc.edu.cn 的 DNS 服务器发出请求。采用这种分布式解析结构时，一台 DNS 服务器出现故障并不会影响整个体系，因为数据的更新操作也只在其中的一台或几台 DNS 服务器上进行，使得整体的解析效率大幅提高。

下面介绍 DNS 的查询过程。

（1）当用户在浏览器地址栏中输入"www.163.com"域名并按"Enter"键后，操作系统会先检查本地 hosts 文件中是否有这个域名的映射关系。如果有，则直接调用这个映射关系，完成域名解析。

（2）如果 hosts 文件中没有这个域名的映射关系，则查找本地 DNS 解析器缓存，查看其中是否有对应的映射关系。如果有，则直接返回，完成域名解析。

（3）如果 hosts 文件与本地 DNS 解析器缓存中都没有相应的映射关系，则查找 TCP/IP 参数中设置的首选 DNS 服务器（此处称其为本地 DNS 服务器）。此服务器收到查询请求时，如果要查询的域名包含在本地配置区域资源中，则返回解析结果给客户端，完成域名解析，此解析具有权威性。

（4）如果要查询的域名未在本地 DNS 服务器区域解析，但该服务器已缓存了此域名的映射关系，则调用这个映射关系，完成域名解析，此解析不具有权威性。

（5）如果本地 DNS 服务器的本地配置区域资源与缓存解析都失效，则根据本地 DNS 服务器的设置（是否设置转发模式）进行查询。如果未使用转发模式，则本地 DNS 服务器会把请求发送至根 DNS 服务器，根 DNS 服务器收到请求后会判断域名（.com）是谁授权管理的，并会返回负责对应顶级域名的服务器的 IP 地址。本地 DNS 服务器收到 IP 地址信息后，联系负责 .com 域的服务器。负责 .com 域的服务器收到请求后，如果自己无法解析，则会发

送一个管理 .com 域的下一级 DNS 服务器的 IP 地址（163.com）给本地 DNS 服务器。当本地 DNS 服务器收到这个 IP 地址后，就会查找负责 163.com 域的服务器。重复上面的动作，进行查询，直至找到 www.163.com 主机。

（6）如果使用的是转发模式，则本地 DNS 服务器会把请求转发至上一级 DNS 服务器，由上一级 DNS 服务器进行解析。如果上一级 DNS 服务器无法解析，则查找根 DNS 服务器或把请求转至上一级，以此循环。不管本地 DNS 服务器使用的是转发模式还是根 DNS 服务器，最后都要将结果返回给本地 DNS 服务器，再由本地 DNS 服务器返回给客户端。

5.1.4　DNS 服务器的类型

按照配置和功能的不同，DNS 服务器可分为不同的类型，常见的 DNS 服务器类型有以下 4 种。

微课

V5.4　DNS
服务器的类型

1. 主 DNS 服务器

主 DNS 服务器对其所管理区域的域名解析提供最权威和最精确的响应，是所管理区域域名信息的初始来源。搭建主 DNS 服务器需要准备全套的配置文件，包括主配置文件、正向解析区域文件、反向解析区域文件、高速缓存初始化文件和回送文件等。正向解析是指从域名到 IP 地址的解析，反向解析则正好相反。

2. 辅助 DNS 服务器

辅助 DNS 服务器也称为从 DNS 服务器，它从主 DNS 服务器中获得完整的域名信息备份，可以对外提供权威和精确的域名解析服务，可以减轻主 DNS 服务器的查询负载。辅助 DNS 服务器的域名信息和主 DNS 服务器的完全相同，它是主 DNS 服务器的备份，提供的是冗余的域名解析服务。

3. 高速缓存 DNS 服务器

高速缓存 DNS 服务器将从其他 DNS 服务器处获得的域名信息保存在自己的高速缓存中，并利用这些信息为用户提供域名解析服务。高速缓存 DNS 服务器的信息都具有时效性，过期之后便不再可用，高速缓存 DNS 服务器不是权威服务器。

4. 转发 DNS 服务器

转发 DNS 服务器在对外提供域名解析服务时，优先从本地缓存中进行查找，如果本地缓存中没有匹配的数据，则会向其他 DNS 服务器转发域名解析请求，并将从其他 DNS 服务器中获得的结果保存在自己的缓存中。转发 DNS 服务器的特点是可以向其他 DNS 服务器转发自己无法完成的解析请求。

5.2　技能实践

　　配置 DNS 服务器的首要任务就是建立 DNS 区域和域的树状结构。DNS 服务器以区域为单位来管理服务。区域是一个数据库，用来连接 DNS 名称和相关数据，如 IP 地址和网络服务，区域在 Internet 环境中一般用二级域名来命名，如 abc.com。DNS 区域分为两类：一类是正向搜索区域，即域名到 IP 地址的数据库，用于提供域名转换为 IP 地址的服务；另一类是反向搜索区域，即 IP 地址到域名的数据库，用于提供 IP 地址转换为域名的服务。

5.2.1　安装 DNS 服务器角色和管理 DNS 服务

　　在安装 AD DS 角色时，可以选择同时安装 DNS 服务器角色。如果没有安装，则可以在计算机上通过"服务器管理器"窗口安装。

微课

V5.5　安装 DNS 服务器角色

1. 安装 DNS 服务器角色

安装 DNS 服务器角色的具体步骤如下。

　　（1）打开"服务器管理器"窗口，选择"管理"→"添加角色和功能"命令，打开"添加角色和功能向导"窗口，如图 5.2 所示。持续单击"下一步"按钮，直到进入"选择服务器角色"界面，勾选"DNS 服务器"复选框，弹出"添加角色和功能向导"对话框。

图 5.2　"添加角色和功能向导"窗口

　　（2）单击"添加功能"按钮，返回"选择服务器角色"界面，持续单击"下一步"按钮，最后单击"安装"按钮，开始安装 DNS 服务器角色。安装完毕后，单击"关闭"按钮，完成 DNS 服务器角色的安装。

2. DNS 服务的启动或停止

要启动或停止 DNS 服务，可以使用"DNS 管理器"窗口、"服务"窗口、net 命令 3 种方式，具体步骤如下。

（1）通过"DNS 管理器"窗口实现 DNS 服务的启动或停止。

打开"服务器管理器"窗口，选择"工具"→"DNS"命令，打开"DNS 管理器"窗口，在左侧窗格中选择服务器"SERVER-01"并单击鼠标右键，在弹出的快捷菜单中选择"所有任务"→"启动""停止""暂停""恢复"或"重新启动"命令，即可启动或停止 DNS 服务，如图 5.3 所示。

（2）通过"服务"窗口实现 DNS 服务的启动或停止。

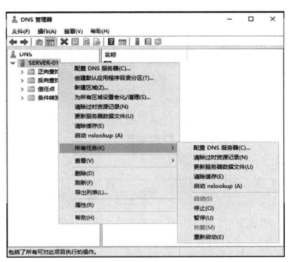

图 5.3　启动或停止 DNS 服务的命令

打开"服务器管理器"窗口，选择"工具"→"服务"命令，打开"服务"窗口，双击"DNS Server"选项，如图 5.4 所示，弹出"DNS Server 的属性（本地计算机）"对话框，在"服务状态"选项组中单击"启动"或"停止"按钮，即可启动或停止 DNS 服务，如图 5.5 所示。

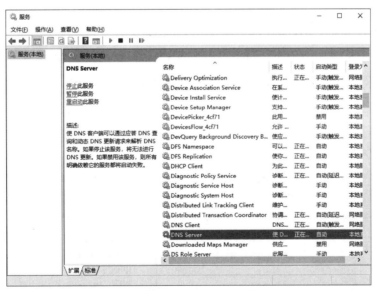

图 5.4　双击"DNS Server"选项

（3）使用 net 命令实现 DNS 服务的启动或停止。

以域管理员用户账户登录服务器 SERVER-01，在命令提示符窗口中输入"net stop dns"命令可停止 DNS 服务，输入"net start dns"命令可启动 DNS 服务，如图 5.6 所示。

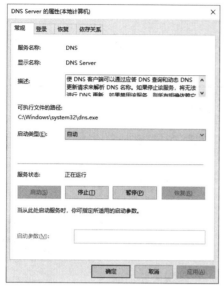

图 5.5　"DNS Server 的属性（本地计算机）"对话框

图 5.6　使用 net 命令停止或启动 DNS 服务

5.2.2　部署主 DNS 服务器

在实际应用中，DNS 服务器一般会与活动目录区域集成，所以当安装完成 DNS 服务器并新建区域后，可直接提升 DNS 服务器为域控制器，将新建区域更新为活动目录集成区域。

微课

V5.6　部署主 DNS 服务器

1. 项目规划

部署主 DNS 服务器的网络拓扑结构如图 5.7 所示。

一个区域的主要区域建立在该区域的主 DNS 服务器上。主要区域的数据库文件是可读写的，所有针对该区域的添加、修改和删除等操作都必须在主要区域中进行。

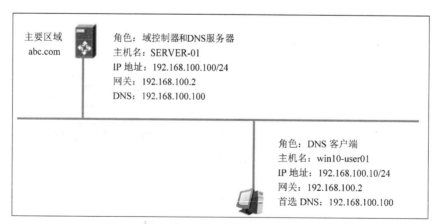

图 5.7　部署主 DNS 服务器的网络拓扑结构

FQDN 可以从逻辑上准确地表示出主机在什么地方，也可以说 FQDN 是主机名的一种完全表示形式。从 FQDN 包含的信息中可以看出主机在域名树中的位置。

初始授权（Start Of Authority，SOA）记录用于表示一个区域的开始，其所有信息都是用于控制这个区域的。每个区域数据库文件都必须包含一个 SOA 记录，并且必须是其中的第一个资源记录，用于标记 DNS 服务器所管理的起始位置。

名称服务器（Name Server，NS）记录用于标识一个区域的 DNS 服务器。

主机（Address，A）记录也称为 Host 记录，用于建立 DNS 名称到 IP 地址的映射关系，以实现正向解析。

规范名称（Canonical Name）记录也称为别名（Alias）记录，用于定义主机记录的别名，将 DNS 域名映射到另一个主要的或规范的名称，该名称可以为 Internet 中规范的名称，如www。

指针记录（Pointer Record，PTR）用于建立 IP 地址到 DNS 名称的映射关系，实现反向解析。

邮件交换器（Mail eXchanger，MX）记录用于指定交换或者转发邮件信息的服务器，该服务器知道如何将邮件传送到目的地。

在部署主 DNS 服务器之前需完成如下配置。

（1）在服务器 SERVER-01 上部署域环境，域名为 abc.com。

（2）设置 DNS 服务器的 TCP/IP 属性，设置其 IP 地址、子网掩码、默认网关和 DNS 服务器的 IP 地址等相关信息。

（3）设置 Windows 10 客户端主机的 TCP/IP 属性，设置其 IP 地址、子网掩码、默认网关和 DNS 服务器的 IP 地址等相关信息。

2. 创建正向主要区域

在主 DNS 服务器上创建正向主要区域 abc.com 的具体步骤如下。

（1）在主 DNS 服务器上打开"服务器管理器"窗口，选择"工具"→"DNS"命令，打开"DNS 管理器"窗口。展开 DNS 服务器目录树，选择"正向查找区域"选项并单击鼠标右键，在弹出的快捷菜单中选择"新建区域"命令，如图 5.8 所示，弹出"新建区域向导"对话框，如图 5.9 所示。

（2）单击"下一步"按钮，进入"区域类型"界面，如图 5.10 所示。选择"主要区域"单选按钮，默认勾选"在 Active Directory 中存储区域（只有 DNS 服务器是可写域控制器时才可用）"复选框，单击"下一步"按钮，进入"Active Directory 区域传送作用域"界面，如图 5.11 所示。

（3）选择"至此域中域控制器上运行的所有 DNS 服务器 (D)：abc.com"单选按钮，单击"下一步"按钮，进入"区域名称"界面。输入区域名称，如 xyz.com（注意，如果是活动目录集成的区域，则不需要指定区域文件，否则需要指定区域文件 xyz.com.dns），如图 5.12 所示，单击"下一步"按钮，进入"动态更新"界面，如图 5.13 所示。

图 5.8　选择"新建区域"命令

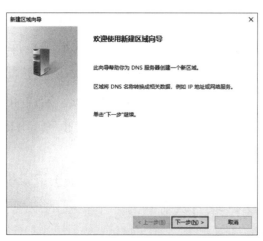

图 5.9　"新建区域向导"对话框

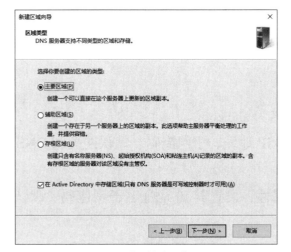

图 5.10　"区域类型"界面

图 5.11　"Active Directory 区域传送作用域"界面

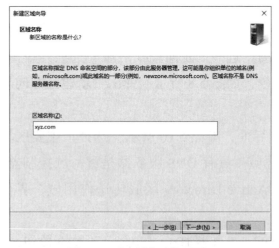

图 5.12　"区域名称"界面

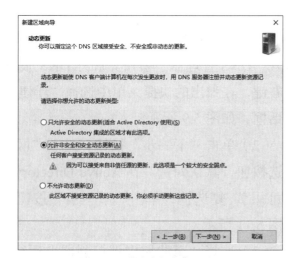

图 5.13　"动态更新"界面

（4）单击"下一步"按钮，进入"正在完成新建区域向导"界面，如图 5.14 所示，单击"完成"按钮，返回"DNS 管理器"窗口，完成正向主要区域的创建，如图 5.15 所示。

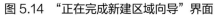

图 5.14　"正在完成新建区域向导"界面

图 5.15　完成正向主要区域的创建

3. 创建反向主要区域

反向主要区域用于通过 IP 地址来查询 DNS 名称，创建反向主要区域的具体步骤如下。

（1）在主 DNS 服务器上打开"服务器管理器"窗口，选择"工具"→"DNS"命令，打开"DNS 管理器"窗口。展开 DNS 服务器目录树，选择"反向查找区域"选项并单击鼠标右键，在弹出的快捷菜单中选择"新建区域"命令，如图 5.16 所示，弹出"新建区域向导"对话框，如图 5.17 所示，持续单击"下一步"按钮，直到进入"反向查找区域名称"界面，选择"IPv4 反向查找区域"单选按钮。

图 5.16　选择"新建区域"命令

图 5.17　"新建区域向导"对话框

（2）单击"下一步"按钮，进入"反向查找区域名称"界面，选择"网络 ID"单选按钮，当输入网络 ID "192.168.100." 时，反向查找区域的名称自动变为 100.168.192.in-addr.arpa，如图 5.18 所示。单击"下一步"按钮，进入"动态更新"界面，选择"允许非安全和安全动态更新"单选按钮，单击"下一步"按钮，进入"正在完成新建区域向导"界面，单击"完成"按钮，返回"DNS 管理器"窗口，完成反向主要区域的创建，如图 5.19 所示。

图 5.18　"反向查找区域名称"界面

图 5.19　完成反向主要区域的创建

4．创建资源记录

主 DNS 服务器需要根据区域中的资源记录实现该区域的名称解析。因此，在区域创建完成之后，需要在区域中创建所需要的资源记录。

（1）新建主机

在主 DNS 服务器上打开"服务器管理器"窗口，选择"工具"→"DNS"命令，打开"DNS 管理器"窗口。展开 DNS 服务器目录树，选择"正向查找区域"→"abc.com"选项并单击鼠标右键，在弹出的快捷菜单中选择"新建主机（A 或 AAAA）"命令，如图 5.20 所示，弹出"新建主机"对话框，按图 5.21 所示进行设置，单击"添加主机"按钮。

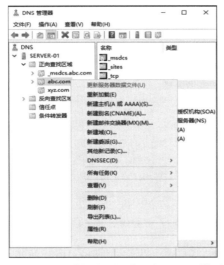

图 5.20　选择"新建主机（A 或 AAAA）"命令

图 5.21　"新建主机"对话框

（2）新建别名

DNS 服务器同时是 Web 服务器，为其设置别名 www，具体步骤如下。

在主 DNS 服务器上打开"服务器管理器"窗口，选择"工具"→"DNS"命令，打开

"DNS 管理器"窗口。展开 DNS 服务器目录树，选择"正向查找区域"→"abc.com"选项并单击鼠标右键，在弹出的快捷菜单中选择"新建别名（CNAME）"命令，弹出"新建资源记录"对话框，输入别名及目标主机的 FQDN，如图 5.22 所示，单击"确定"按钮，返回"DNS 管理器"窗口，完成别名的创建，如图 5.23 所示。

图 5.22　输入别名及目标主机的 FQDN

图 5.23　完成别名的创建

（3）新建邮件交换器

在主 DNS 服务器上打开"服务器管理器"窗口，选择"工具"→"DNS"命令，打开"DNS 管理器"窗口。展开 DNS 服务器目录树，选择"正向查找区域"→"abc.com"选项并单击鼠标右键，在弹出的快捷菜单中选择"新建邮件交换器（MX）"命令，弹出"新建资源记录"对话框，输入主机或子域以及邮件服务器的 FQDN，设置邮件服务器优先级，如图 5.24 所示，单击"确定"按钮，返回"DNS 管理器"窗口，完成邮件交换器的创建，如图 5.25 所示。

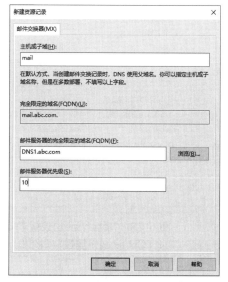

图 5.24　新建邮件交换器

图 5.25　完成邮件交换器的创建

（4）新建指针

在主 DNS 服务器上打开"服务器管理器"窗口，选择"工具"→"DNS"命令，打开"DNS 管理器"窗口。展开 DNS 服务器目录树，选择"反向查找区域"→"100.168.192.in-addr.arpa"选项并单击鼠标右键，在弹出的快捷菜单中选择"新建指针（PTR）"命令，弹出"新建资源记录"对话框，输入主机 IP 地址及主机名，如图 5.26 所示，单击"确定"按钮，返回"DNS 管理器"窗口，完成指针的创建，如图 5.27 所示。

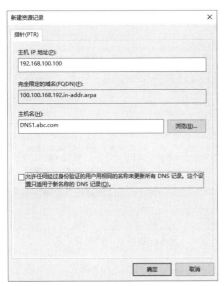

图 5.26　输入主机 IP 地址及主机名

图 5.27　完成指针的新建

5. 客户端测试主 DNS 服务器

配置 DNS 客户端主机的相关信息，配置信息如下。

（1）配置 DNS 客户端

以管理员 Administrator 的身份登录 DNS 客户端 win10-user01，在"Internet 协议版本 4（TCP/IPv4）属性"对话框中配置相关地址信息，如图 5.28 所示。

（2）使用 nslookup 命令测试主 DNS 服务器是否正常工作

在客户端 win10-user01 上按"Win+R"组合键，弹出"运行"对话框，输入"cmd"命令，打开命令提示符窗口。

nslookup 命令是用来手动进行 DNS 查询的常用工具，这个工具有两种工作模式：非交互模式和交互模式。

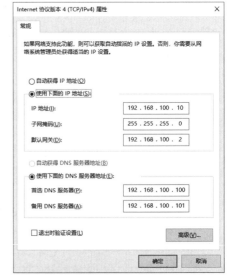

图 5.28　"Internet 协议版本 4（TCP/IPv4）属性"对话框

① 非交互模式

在命令提示符窗口中输入完整的命令"nslookup www.abc.com"，测试结果如图 5.29 所示。

使用命令nslookup测试DNS服务器，如图5.30所示；测试邮件服务器，如图5.31所示。

图5.29 非交互模式下测试DNS服务器

图5.30 测试DNS服务器

图5.31 测试邮件服务器

② 交互模式

在命令提示符窗口中输入"nslookup"命令，不需要参数，运行后就可以进入交互模式。任何一种模式都可以将参数传递给nslookup，但在域名服务器出现故障时，更多的是使用交互模式。在交互模式下，可以在提示符">"后输入"help"或"？"来获得帮助信息，如图5.32所示。查找DNS区域信息，如图5.33所示。

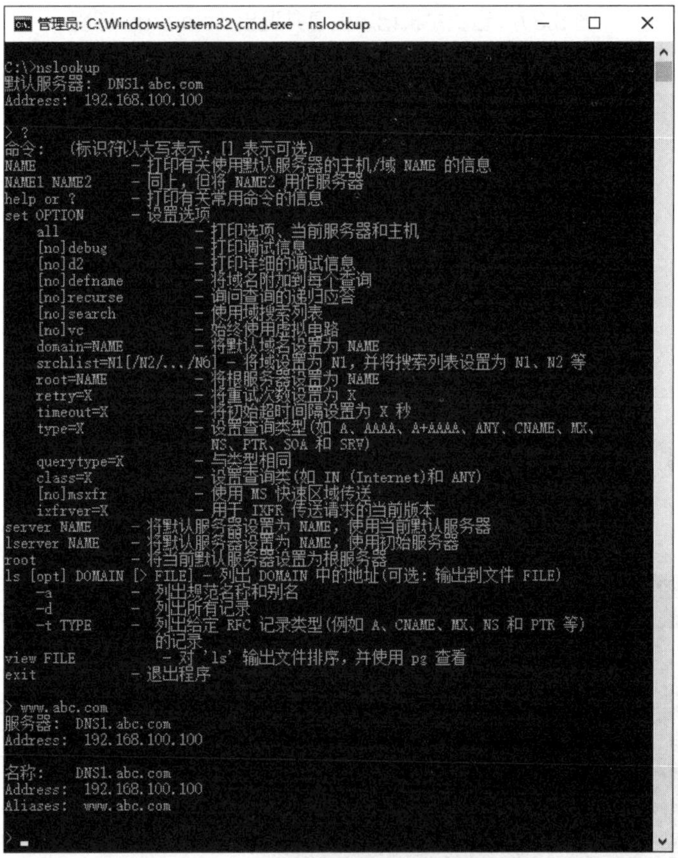

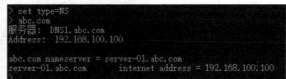

图5.32 交互模式下获得帮助信息

图5.33 查找DNS区域信息

查找邮件服务器记录信息，如图5.34所示；查找指针记录信息，如图5.35所示。

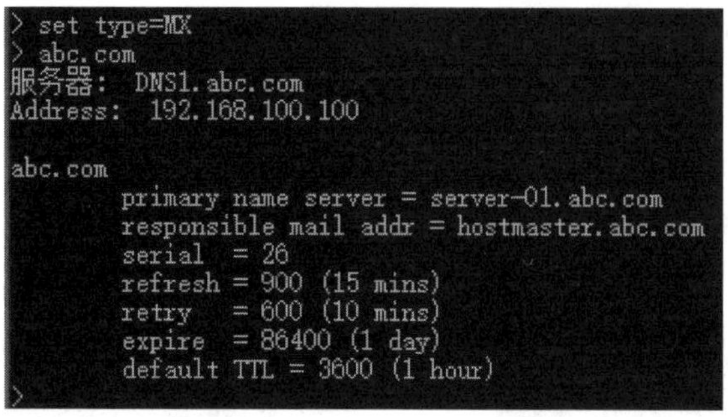

```
> set type=MX
> abc.com
服务器: DNS1.abc.com
Address: 192.168.100.100

abc.com
        primary name server = server-01.abc.com
        responsible mail addr = hostmaster.abc.com
        serial  = 26
        refresh = 900 (15 mins)
        retry   = 600 (10 mins)
        expire  = 86400 (1 day)
        default TTL = 3600 (1 hour)
```

图 5.34   查找邮件服务器记录信息

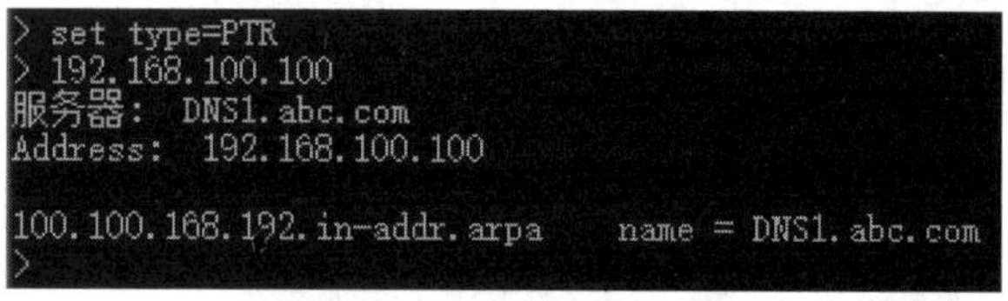

```
> set type=PTR
> 192.168.100.100
服务器: DNS1.abc.com
Address: 192.168.100.100

100.100.168.192.in-addr.arpa    name = DNS1.abc.com
>
```

图 5.35   查找指针记录信息

查找别名记录信息，如图 5.36 所示；查找主机记录信息，并使用 exit 命令退出 nslookup 环境，如图 5.37 所示。

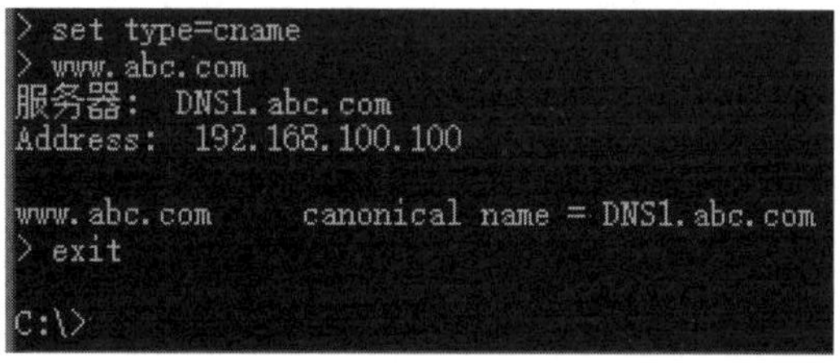

```
> set type=cname
> www.abc.com
服务器: DNS1.abc.com
Address: 192.168.100.100

www.abc.com    canonical name = DNS1.abc.com
> exit

C:\>
```

图 5.36   查找别名记录信息

```
> set type=A
> 192.168.100.100
服务器: DNS1.abc.com
Address: 192.168.100.100

名称:    DNS1.abc.com
Address: 192.168.100.100

> exit

C:\>
```

图 5.37   查找主机记录信息并退出 nslookup 环境

说明：

set type 表示设置查找的类型；

set type=NS 表示查找 DNS 区域；

set type=MX 表示查找邮件服务器记录；

set type=PTR 表示查找指针记录；

set type=cname 表示查找别名记录；

set type=A 表示查找主机记录。

（3）使用 ping 命令测试主 DNS 服务器

测试结果如图 5.38 所示。

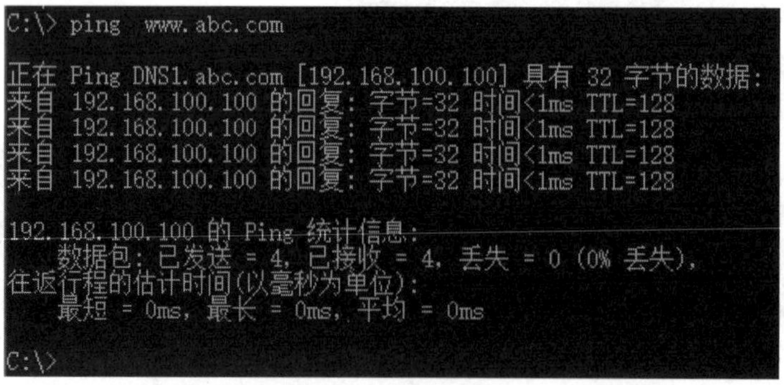

```
C:\> ping  www.abc.com

正在 Ping DNS1.abc.com [192.168.100.100] 具有 32 字节的数据:
来自 192.168.100.100 的回复: 字节=32 时间<1ms TTL=128
来自 192.168.100.100 的回复: 字节=32 时间<1ms TTL=128
来自 192.168.100.100 的回复: 字节=32 时间<1ms TTL=128
来自 192.168.100.100 的回复: 字节=32 时间<1ms TTL=128

192.168.100.100 的 Ping 统计信息:
    数据包: 已发送 = 4, 已接收 = 4, 丢失 = 0 (0% 丢失),
往返行程的估计时间(以毫秒为单位):
    最短 = 0ms, 最长 = 0ms, 平均 = 0ms

C:\>
```

图 5.38   使用 ping 命令测试主 DNS 服务器

6. 管理 DNS 客户端缓存

可以使用 ipconfig 命令查看本地网卡相关信息，如 IP 地址、网关地址、MAC（Medium Access Control，介质访问控制）地址等信息，也可以使用 ipconfig 命令来管理 DNS 客户端的缓存。

（1）查看本地网卡相关信息，命令如下。

```
ipconfig /all
```

命令执行结果如图 5.39 所示。

（2）查看 DNS 客户端缓存，命令如下。

```
ipconfig /displaydns
```

命令执行结果如图 5.40 所示。

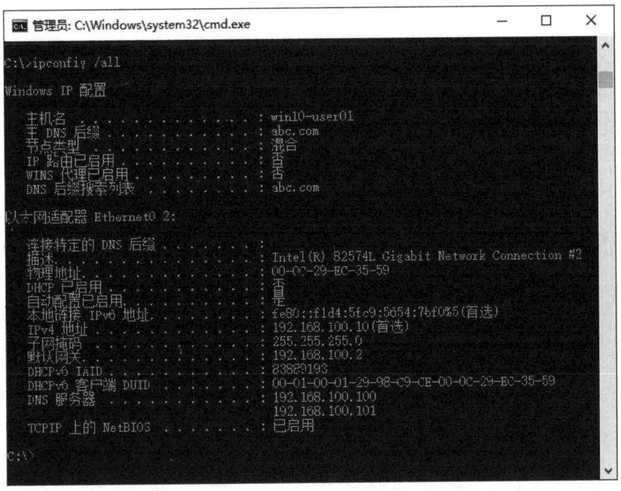

图 5.39 查看本地网卡相关信息

图 5.40 查看 DNS 客户端缓存

（3）清空 DNS 客户端缓存，命令如下。

```
ipconfig /flushdns
```

5.2.3 部署辅助 DNS 服务器

一个区域的辅助区域建立在该区域的辅助 DNS 服务器上。辅助区域的数据库文件是主要区域数据库文件的副本，辅助区域需要定期通过主要区域传输数据库文件进行更新。辅助区域的主要作用是均衡 DNS 解析的负载以提高解析效率，同时提供容错功能。必要时可以将辅助区域转换为主要区域，辅助区域内的记录是只读的，不可以修改。

1. 项目规划

部署辅助 DNS 服务器的网络拓扑结构如图 5.41 所示。

（1）在 DNS1 服务器上，首选 DNS 服务器的 IP 地址为 192.168.100.100，备用 DNS 服务器的

IP 地址为 192.168.100.101，建立主机记录（FQDN 为 DNS2.abc.com，IP 地址为 192.168.100.101）。

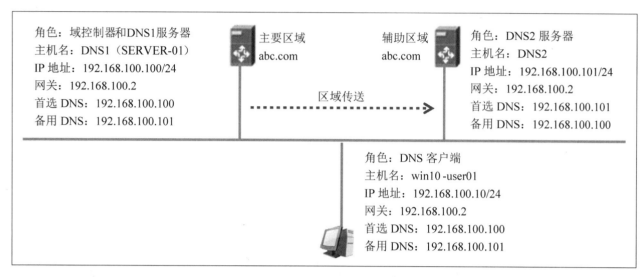

图 5.41　部署辅助 DNS 服务器的网络拓扑结构

（2）在 DNS2 服务器上，首选 DNS 服务器的 IP 地址为 192.168.100.101，备用 DNS 服务器的 IP 地址为 192.168.100.100。

（3）在 DNS2 服务器上建立一个辅助区域 abc.com，此区域内的记录是从主 DNS 服务器 DNS1 通过区域传送复制过来的。

2. 新建辅助区域（DNS2）

在 DNS2 上新建辅助区域，并让此区域从 DNS1 上复制区域记录。

（1）在 DNS2 服务器上打开"服务器管理器"窗口，选择"管理"→"添加角色和功能"命令，打开"添加角色和功能向导"窗口。在"选择服务器角色"界面中勾选"DNS 服务器"复选框，按向导提示在 DNS2 服务器上完成 DNS 服务器的安装。

（2）在 DNS2 服务器上打开"服务器管理器"窗口，选择"工具"→"DNS"命令，打开"DNS 管理器"窗口，选择"正向查找区域"选项并单击鼠标右键，在弹出的快捷菜单中选择"新建区域"命令，单击"下一步"按钮，进入"区域类型"界面，如图 5.42 所示。选择"辅助区域"单选按钮，单击"下一步"按钮，进入"正向或反向查找区域"界面，选择"正向查找区域"单选按钮，如图 5.43 所示。

（3）单击"下一步"按钮，进入"区域名称"界面，输入区域名称"abc.com"，如图 5.44 所示。单击"下一步"按钮，进入"主 DNS 服务器"界面，在"主服务器"列表框中输入 IP 地址"192.168.100.100"（即主 DNS 服务器的 IP 地址），如图 5.45 所示。

（4）单击"下一步"按钮，进入"正在完成新建区域向导"界面，如图 5.46 所示。单击"完成"按钮，返回"DNS 管理器"窗口，完成正向查找区域的辅助区域的创建，如图 5.47 所示。

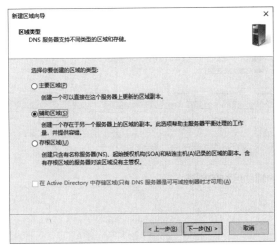

图 5.42　"区域类型"界面

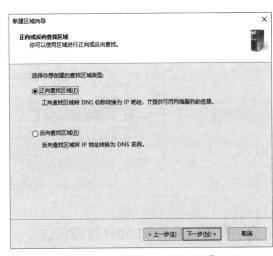

图 5.43　"正向或反向查找区域"界面

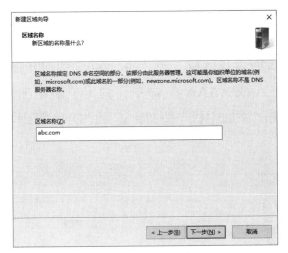

图 5.44　"区域名称"界面

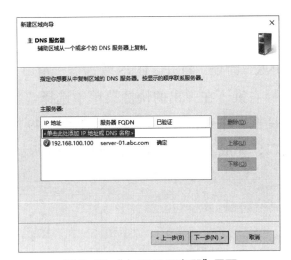

图 5.45　"主 DNS 服务器"界面

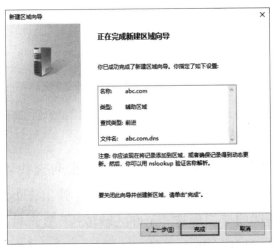

图 5.46　"正在完成新建区域向导"界面

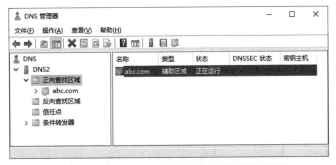

图 5.47　完成正向查找区域的辅助区域的创建

（5）重复步骤（2）～步骤（4），新建反向查找区域的辅助区域，操作步骤与此类似，这里不赘述，创建完成后如图 5.48 所示。

图 5.48　完成反向查找区域的辅助区域的创建

3. 设置让 DNS1 允许区域传送

如果 DNS1 不允许将区域记录传送给 DNS2，那么 DNS2 向 DNS1 提出区域传送请求时会被拒绝。下面设置让 DNS1 允许将区域记录传送给 DNS2，相关步骤如下。

（1）在 DNS1 服务器（SERVER-01）上打开"服务器管理器"窗口，选择"工具"→"DNS"命令，打开"DNS 管理器"窗口，选择"正向查找区域"→"abc.com"选项并单击鼠标右键，在弹出的快捷菜单中选择"新建主机（A 或 AAAA）"命令，弹出"新建主机"对话框，输入名称和 IP 地址，如图 5.49 所示。单击"添加主机"按钮，返回"DNS 管理器"窗口，完成 DNS2 的添加，如图 5.50 所示。

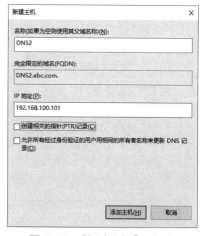

图 5.49　"新建主机"对话框

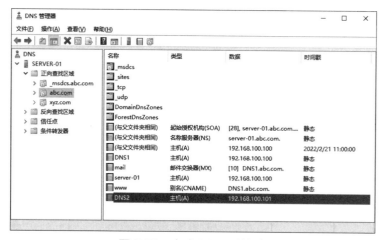

图 5.50　完成 DNS2 的添加

（2）在 DNS1 服务器（SERVER-01）上打开"DNS 管理器"窗口，选择"正向查找区域"→"abc.com"选项并单击鼠标右键，在弹出的快捷菜单中选择"属性"命令，弹出"abc.com 属性"对话框，如图 5.51 所示。选择"区域传送"选项卡，勾选"允许区域传送"复选框，选择"只允许到下列服务器"单选按钮，单击"编辑"按钮，弹出"允许区域传送"对话框，在"辅助服务器的 IP 地址"列表框中输入 IP 地址"192.168.100.101"，如图 5.52 所示。

（3）单击"确定"按钮，返回"abc.com 属性"对话框，允许区域传送到 DNS2 设置完成，如图 5.53 所示。单击"确定"按钮，返回"DNS 管理器"窗口。

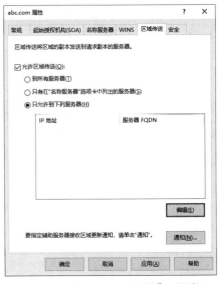

图 5.51　"abc.com 属性"对话框

图 5.52　"允许区域传送"对话框

（4）在 DNS2 服务器上打开"服务器管理器"窗口，选择"工具"→"DNS"命令，打开"DNS 管理器"窗口，选择"正向查找区域"→"abc.com"选项。在 DNS2 服务器中可以看到已经把 DNS1 区域记录传送过来了，此时，DNS1 与 DNS2 服务器的区域信息是一致的，如图 5.54 所示。

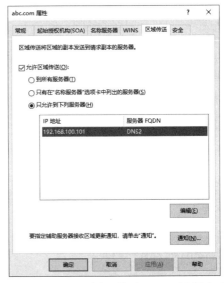

图 5.53　允许区域传送到 DNS2 设置完成

图 5.54　完成区域记录传送

课后实训

某公司的总部在北京，公司域名为 abc.com，域控制器的服务器名称为 win2019-01，服务器的 IP 地址为 192.168.100.100/24，首选 DNS 服务器的 IP 地址为 192.168.100.100/24。其分公司位于上海，公司域名为 xyz.abc.com，域控制器的服务器名称为 win2019-02，服务器的 IP 地址为 192.168.100.101/24，首选 DNS 服务器的 IP 地址为 192.168.100.100/24。

假设你是公司的网络管理员，现在要对总公司与分公司的 DNS 服务器进行配置，要求如下。

（1）添加 DNS 服务器，部署主 DNS 服务器，配置 DNS 客户端，并测试主 DNS 服务器的配置。

（2）部署辅助 DNS 服务器，并进行相关测试。

（3）要求总公司的 DNS 服务器既能完成公司内部的域名解析，又能完成外网的解析。

（4）要求总公司的 DNS 服务器能够完成分公司的域名解析，并进行相关测试。

（5）要求总公司的 DNS 服务器具有容错性能，并进行相关测试。

请按照上述要求做出合适的配置，检查学习效果。

课后习题

1. 选择题

（1）【单选】DNS 提供了一个（　　　）命名方案。

  A. 分级   B. 分组   C. 分层   D. 多层

（2）【单选】顶级域中表示商业机构组织的是（　　　）。

  A. .edu   B. .com   C. .net   D. .org

（3）【单选】顶级域中表示教育、学术研究单位组织的是（　　　）。

  A. .edu   B. .com   C. .net   D. .org

（4）【单选】顶级域中表示网络服务机构组织的是（　　　）。

  A. .edu   B. .com   C. .net   D. .org

（5）【单选】在 DNS 域名空间中，顶层的域被称为"根域"，用（　　　）表示。

  A. *   B. !   C. &   D. .

（6）【单选】在 Windows Server 2019 的 DNS 服务器上不可以新建的区域类型有（　　　）。

  A. 主要区域 B. 辅助区域 C. 存根区域 D. 转换区域

（7）【单选】下面表示完全限定域名的是（　　　）。

  A. SOA   B. NS   C. FQDN   D. PTR

（8）【单选】下面表示邮件交换器的是（　　　）。

  A. CNAME B. MX   C. NS   D. FQDN

（9）【单选】下面表示名称服务器的是（　　　）。

  A. SOA   B. NS   C. FQDN   D. PTR

（10）【单选】下面表示别名的是（　　　）。

  A．CNAME   B．MX   C．NS   D．FQDN

（11）【单选】下面表示指针记录的是（　　　）。

  A．SOA   B．NS   C．FQDN   D．PTR

（12）【单选】下面表示主机记录的是（　　　）。

  A．CNAME   B．MX   C．A   D．NS

2．简答题

（1）简述什么是根域和顶级域。

（2）简述 DNS 的工作原理。

（3）简述 DNS 服务器的类型。

第6章
DHCP服务器配置管理

6

本章主要讲解 DHCP 基础知识和技能实践，包括 DHCP 简介、DHCP 的工作原理、DHCP 地址分配类型、安装 DHCP 服务器角色、授权 DHCP 服务器、管理 DHCP 作用域等相关内容。

学习目标

【知识目标】
· 掌握DHCP的工作原理。
· 掌握DHCP地址分配类型。

【能力目标】
· 掌握安装DHCP服务器角色的方法。
· 掌握授权DHCP服务器、管理DHCP作用域的相关方法。

【素养目标】
· 培养工匠精神，要求做事严谨、精益求精、着眼细节、爱岗敬业。
· 树立团队互助、合作进取的意识。

6.1 DHCP 基础知识

DHCP 是一个应用层协议。当将客户端 IP 地址设置为动态获取时，DHCP 服务器就会根据 DHCP 为客户端分配 IP 地址，使得客户端能够利用 IP 地址上网。

6.1.1 DHCP 简介

微课

V6.1 DHCP
简介

DHCP 采用了客户端 / 服务器模式，使用用户数据报协议（User Datagram Protocol，UDP）进行传输，并且使用端口 67、68，从 DHCP 客户端到达 DHCP 服务器的报文使用目的端口 67，从 DHCP 服务器到达 DHCP 客户端的报文使用源端口 68。

手动设置计算机的 IP 地址对于管理员来说是烦琐的，于是出现了自动配置 IP 地址的方式，这就是 DHCP。DHCP 可以自动为局域网中的每一台计算机分配 IP 地址，并完成每台计算机的 TCP/IP 配置，包括 IP 地址、子网掩码、网关以及 DNS 服务器的配置等。DHCP

服务器能够从预先设置的 IP 地址池中自动为主机分配 IP 地址，它不仅能够解决 IP 地址冲突的问题，还能及时回收 IP 地址以提高 IP 地址的利用率。

网络中每一台主机的 IP 地址与相关配置都可以采用以下两种方式获得：手动配置和自动获得（自动从 DHCP 服务器获取）。

在网络主机较少的情况下，可以手动为网络中的主机分配静态 IP 地址，但有时工作量很大，就需要使用动态 IP 地址解决方案。在该方案中，每台计算机并不设定固定的 IP 地址，而在计算机开机时才分配一个 IP 地址，这台计算机被称为 DHCP 客户端（DHCP Client）。在网络中提供 DHCP 服务的计算机称为 DHCP 服务器。DHCP 服务器利用 DHCP 为网络中的主机分配动态 IP 地址，并设置子网掩码、默认网关以及 DNS 服务器的 IP 地址等。

动态 IP 地址方案可以减少管理员的工作量。只要 DHCP 服务器正常工作，IP 地址就不会发生冲突。想要批量更改计算机的所在子网或其他 IP 地址参数，只要在 DHCP 服务器上进行操作即可，管理员不必为每一台计算机设置 IP 地址等相关参数。

需要动态分配网络 IP 地址的情况如下。

（1）网络中的主机很多，而 IP 地址不够用。例如，某公司网络涉及销售部、研发部、财务部、人事部，共计 300 台计算机，采用静态 IP 地址时，每台计算机都需要预留一个 IP 地址，即共需要 300 个 IP 地址。然而，这 300 台计算机通常不同时使用，尤其是销售部的员工，他们平常不在公司内部工作，需要出差，能够在公司工作的员工甚至可能不到 100 人，此时若分配 300 个 IP 地址，就会浪费 200 个 IP 地址资源，这种情况下就可以使用 DHCP 服务。

（2）网络的规模较大，网络中需要分配 IP 地址的主机很多，特别是要在网络中增加和删除网络主机或者重新配置网络时，使用手动分配方式的工作量很大，且常常会因为用户不遵守规则而出现错误，如导致 IP 地址冲突。

（3）由于笔记本计算机的普及，移动办公的方式很常见，当计算机从一个网络移动到另一个网络时，每次移动都需要改变 IP 地址，且移动的计算机在每个网络中都需要占用一个 IP 地址。DHCP 服务可以让移动用户账户在不同的子网中移动，并在它们连接到网络时自动获得对应网络的 IP 地址。

DHCP 服务器具有以下功能。

① 可以给客户端分配永久固定的 IP 地址。

② 保证任何 IP 地址在同一时刻只能由一个客户端使用。

③ 可以与用其他方法获得 IP 地址的客户端共存。

④ 可以向现有的无盘客户端分配动态 IP 地址。

6.1.2　DHCP 的工作原理

DHCP 的工作原理如图 6.1 所示。

微课

V6.2　DHCP 的
工作原理

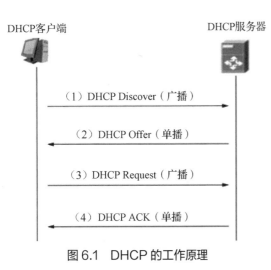

图6.1　DHCP 的工作原理

（1）DHCP 客户端以广播的形式发送 DHCP Discover 报文寻找 DHCP 服务器。

（2）DHCP 服务器接收到 DHCP 客户端发送来的 DHCP Discover 报文之后，单播 DHCP Offer 报文来回复 DHCP 客户端，DHCP Offer 报文中包含 IP 地址和租约信息。

（3）DHCP 客户端收到 DHCP 服务器发送的 DHCP Offer 报文之后，以广播的形式向 DHCP 服务器发送 DHCP Request 报文，用来请求服务器将对应的 IP 地址分配给它。之所以要广播发送，是因为要通知其他 DHCP 服务器，该 DHCP 客户端已经接收一台 DHCP 服务器的信息了，不会再接收其他 DHCP 服务器的信息。

（4）DHCP 服务器接收到 DHCP Request 报文后，以单播的形式发送 DHCP ACK 报文给 DHCP 客户端。

DHCP 租期更新：当 DHCP 客户端的租期剩下 50% 时，DHCP 客户端会向 DHCP 服务器单播 DHCP Request 报文，请求续约，DHCP 服务器接收到 DHCP Request 报文后，会单播 DHCP ACK 报文表示延长租期。

DHCP 重绑定：在 DHCP 客户端的租期超过 50% 且原先的 DHCP 服务器没有同意客户端续约 IP 地址的情况下，当 DHCP 客户端的租期只剩下 12.5% 时，DHCP 客户端会向网络中的其他 DHCP 服务器发送 DHCP Request 报文，请求续约。如果其他 DHCP 服务器有关于 DHCP 客户端当前 IP 地址的信息，则单播 DHCP ACK 报文回复客户端以续约，如果没有，则回复 DHCP NAK 报文。此时，DHCP 客户端会申请重新绑定 IP 地址。

DHCP 的 IP 地址释放：当 DHCP 客户端直到租期满还未收到 DHCP 服务器的回复时，会停止使用 IP 地址。当 DHCP 客户端租期未满但不想再使用 DHCP 服务器提供的 IP 地址时，会发送 DHCP Release 报文，告知 DHCP 服务器清除相关的租约信息，释放 IP 地址。

6.1.3　DHCP 地址分配类型

DHCP 允许 3 种类型的 IP 地址分配。

（1）手动分配。客户端的 IP 地址是由网络管理员指定的，DHCP 服务器只是将指定的 IP 地址告知客户端。

（2）自动分配。DHCP 服务器为客户端指定一个永久性的 IP 地址，一旦客户端成功从 DHCP 服务器租用该 IP 地址，就可以永久地使用该 IP 地址。

（3）动态分配。DHCP 服务器为客户端指定一个具有时间限制的 IP 地址，在时间到期或主机明确表示放弃后，该 IP 地址可以被其他主机使用。

在这 3 种 IP 地址分配类型中，只有动态分配可以重复使用客户端不再需要的 IP 地址。

6.2 技能实践

部署 DHCP 之前应该先进行规划，明确哪些 IP 地址自动分配给客户端，哪些是作用域中应包含的 IP 地址，哪些 IP 地址手动指定给特定的服务器。

若利用虚拟机环境来学习 DHCP 的知识，则需要注意以下两个问题。

（1）虚拟机在复制时的网络 SID 是一样的，生成的虚拟机需要执行 C:\Windows\System32\Sysprep 目录下的程序 sysprep.exe，并勾选"通用"复选框，重新生成 SID。

（2）关闭、禁用或停止虚拟机网络的其他 DHCP 服务器功能，如停用 IP 共享设备或宽带路由器内的 DHCP 服务器功能，这些 DHCP 服务器都会干扰实验结果。

6.2.1 安装 DHCP 服务器角色

微课

V6.3 安装 DHCP 服务器角色

在安装活动目录域服务角色时，可以选择同时安装 DHCP 服务器角色。如果没有安装 DHCP 服务器角色，则可以在计算机上通过"服务器管理器"窗口进行安装。

安装 DHCP 服务器角色的具体步骤如下。

（1）打开"服务器管理器"窗口，选择"管理"→"添加角色和功能"命令，在打开的"添加角色和功能向导"窗口中，持续单击"下一步"按钮，直到进入"选择服务器角色"界面，勾选"DHCP 服务器"复选框，弹出"添加角色和功能向导"对话框，单击"添加功能"按钮，如图 6.2 所示。返回"选择服务器角色"界面，持续单击"下一步"按钮，最后单击"安装"

图 6.2　"选择服务器角色"界面

按钮，开始安装 DHCP 服务器角色。安装完毕后，单击"关闭"按钮，完成 DHCP 服务器角色的安装。

（2）在"服务器管理器"窗口中，选择"工具"→"DHCP"命令，打开"DHCP"窗口，如图 6.3 所示，可以在此配置和管理 DHCP 服务器。

图 6.3　"DHCP"窗口

> **注意**
>
> 因为 DHCP 安装在域控制器上，尚没有被授权，且 IP 作用域尚没有新建和激活，所以在"IPv4"或"IPv6"选项处显示向下的箭头。

6.2.2　授权 DHCP 服务器

Windows Server 2019 为活动目录的网络提供了集成的安全性支持，针对 DHCP 服务器，它提供了授权的功能。使用这一功能可以对网络中配置正确的合法 DHCP 服务器进行授权，允许它们为客户端自动分配 IP 地址；同时，能够检测未授权的 DHCP 服务器，以及防止这些 DHCP 服务器在网络中启动或运行，从而提高网络的安全性。

微课

V6.4　授权 DHCP 服务器

1. 授权 DHCP 服务器的原因

由于 DHCP 服务器为客户端自动分配 IP 地址均采用广播机制，且客户端在发送 DHCP Request 报文进行 IP 地址租用时，也只是简单地选择第一个收到的 DHCP Offer 报文，这意味着在整个 IP 地址租用过程中，网络中所有的 DHCP 服务器的地位都是平等的。如果网络中的 DHCP 服务器都是正确配置的，则网络将能够正常运行。如果网络中出现了错误配置的

DHCP 服务器，则可能会引发网络故障。例如，错误配置的 DHCP 服务器可能会为客户端分配不正确的 IP 地址，导致客户端无法进行正常的网络通信。如果网络中有两台 DHCP 服务器，其中一台是错误配置的 DHCP 服务器，则客户端将有 50% 的概率获得一个错误的 IP 地址参数，这意味着网络出现故障的概率将高达 50%。为了解决这一问题，Windows Server 2019 引入了 DHCP 服务器的授权机制。通过授权机制，DHCP 服务器在服务客户端之前，需要验证其是否已在活动目录中被授权。如果未被授权，则其不能为客户端分配 IP 地址。这样就避免了网络中出现错误配置的 DHCP 服务器而导致的大多数意外网络故障。

2. 对域中的 DHCP 服务器进行授权

如果 DHCP 服务器是域的成员，并在安装 DHCP 服务器的过程中没有选择授权，那么在安装完成后就必须先进行授权，才能为客户端计算机提供 IP 地址，独立服务器不需要授权。授权过程如下。

（1）打开"服务器管理器"窗口，在左侧窗格中选择"DHCP"选项，在右侧窗格中将显示"SERVER-01 中的 DHCP 服务器所需的配置"选项，如图 6.4 所示。单击"更多"链接，打开"所有服务器 任务详细信息"窗口，如图 6.5 所示。

图 6.4　"SERVER-01 中的 DHCP 服务器所需的配置"选项

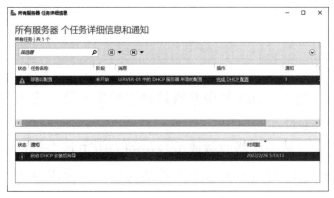

图 6.5　"所有服务器 任务详细信息"窗口

（2）单击"完成 DHCP 配置"链接，打开"DHCP 安装后配置向导"窗口，如图 6.6 所示，单击"下一步"按钮，进入"授权"界面，如图 6.7 所示。

图 6.6　"DHCP 安装后配置向导"窗口

图 6.7　"授权"界面

（3）选择"使用以下用户凭据"单选按钮，选择默认用户名，单击"提交"按钮，进入"摘要"界面，如图 6.8 所示。单击"关闭"按钮，返回"DHCP"窗口，此时可以看到之前在"IPv4"或"IPv6"选项处显示的向下的箭头变为对钩，如图 6.9 所示。

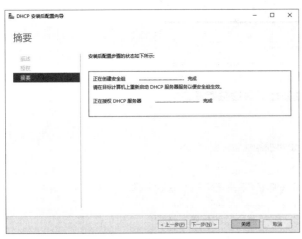
图 6.8　"摘要"界面

图 6.9　完成 DHCP 服务器授权

注意

（1）在工作组环境中，DHCP 服务器是独立的服务器，无须授权（也不能授权）也能向客户端提供 IP 地址。

（2）在域环境中，域控制器或域成员身份的 DHCP 服务器能够被授权，为客户端提供 IP 地址，没有被授权的 DHCP 服务器不能为客户端提供 IP 地址。

6.2.3　管理 DHCP 作用域

作用域是指可以为一个特定的子网中的客户端分配或租借的有效 IP 地址范围，管理员可以在 DHCP 服务器上配置作用域来确定分配或租借给 DHCP 客户端的 IP 地址范围。为了使客户端能使用 DHCP 服务器上的动态 TCP/IP 配置信息，必须先在 DHCP 服务器上建立并激活作用域，可以根据网络环境的需要在一台 DHCP 服务器上建立多个作用域。每个子网只能建立一个对应作用域，每个作用域都具有一个连续的 IP 地址范围，在作用域中可以排除一个特定的地址或一组地址。

1. 创建 DHCP 作用域

在 Windows Server 2019 中，作用域在"DHCP"窗口中创建。一台 DHCP 服务器可以创建多个不同的作用域，具体操作步骤如下。

微课

V6.5　创建 DHCP 作用域

（1）打开"服务器管理器"窗口，选择"DHCP"选项，打开"DHCP"窗口，选择"IPv4"选项并单击鼠标右键，在弹出的快捷菜单中选择"新建作用域"命令，如图 6.10 所示。弹出"新建作用域向导"对话框，如图 6.11 所示。

图 6.10　选择"新建作用域"命令

图 6.11　"新建作用域向导"对话框

（2）单击"下一步"按钮，进入"作用域名称"界面，如图 6.12 所示。输入作用域名称和描述信息，单击"下一步"按钮，进入"IP 地址范围"界面，如图 6.13 所示。

（3）输入为作用域分配的地址范围，单击"下一步"按钮，进入"添加排除和延迟"界面，如图 6.14 所示。输入要排除的起始 IP 地址和结束 IP 地址，单击"下一步"按钮，进入"租用期限"界面，如图 6.15 所示。

（4）设置租用期限，单击"下一步"按钮，进入"配置 DHCP 选项"界面，如图 6.16 所示。选择"是，我想现在配置这些选项"单选按钮，单击"下一步"按钮，进入"路由器（默认网关）"界面，如图 6.17 所示。

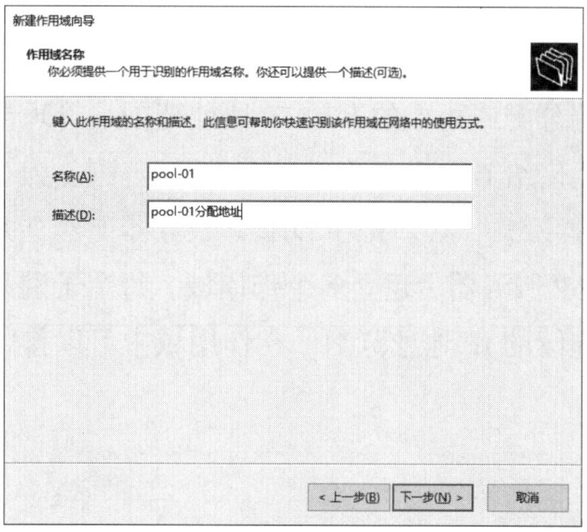

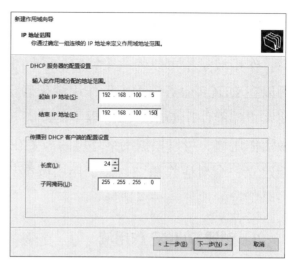

图 6.12　"作用域名称"界面

图 6.13　"IP 地址范围"界面

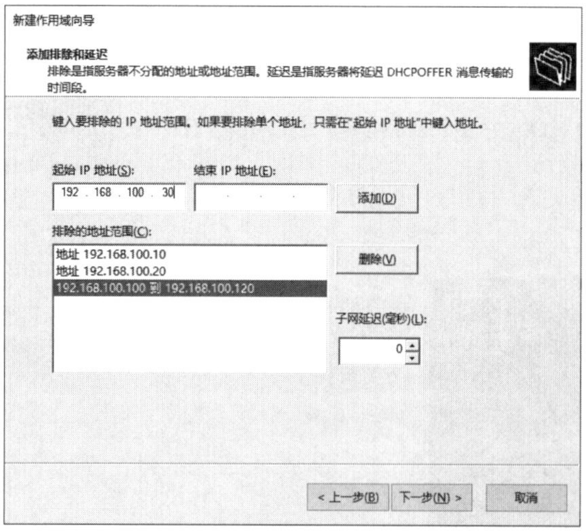

图 6.14　"添加排除和延迟"界面

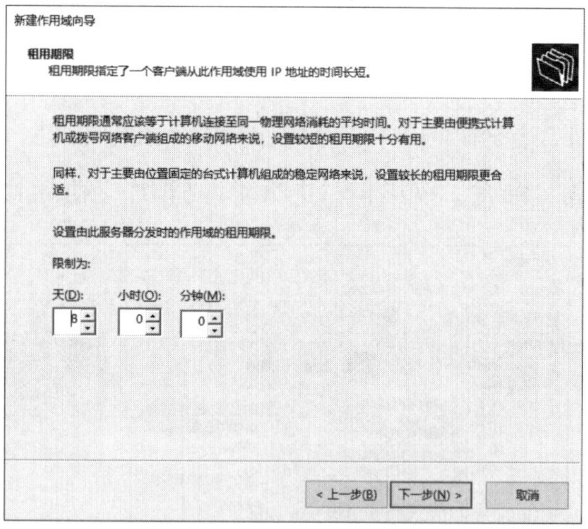

图 6.15　"租用期限"界面

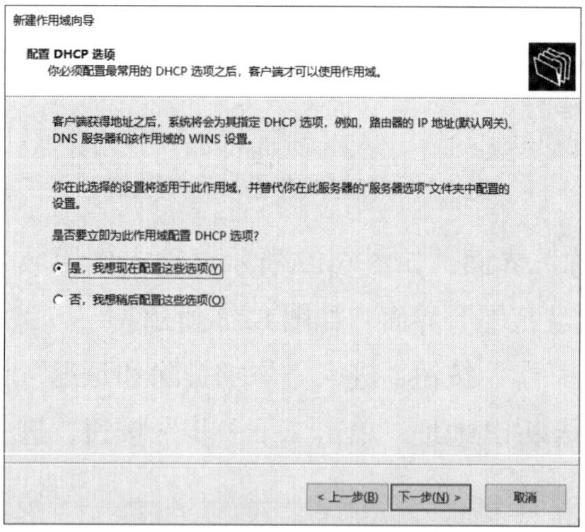

图 6.16　"配置 DHCP 选项"界面

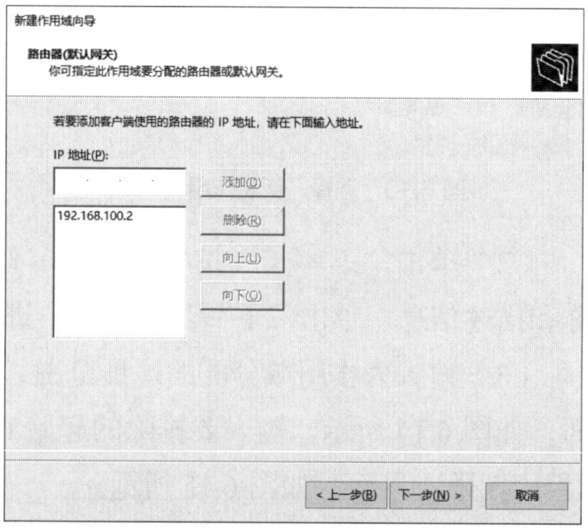

图 6.17　"路由器（默认网关）"界面

（5）添加路由器（默认网关）IP 地址，单击"下一步"按钮，进入"域名称和 DNS 服务器"界面,如图 6.18 所示。输入父域名称,添加服务器名称和 IP 地址,单击"下一步"按钮,进入"WINS 服务器"界面,如图 6.19 所示。

图 6.18 "域名称和 DNS 服务器"界面

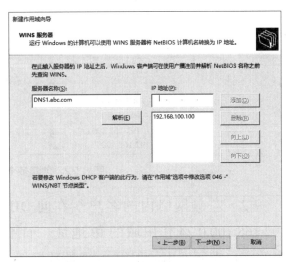

图 6.19 "WINS 服务器"界面

(6)添加服务器名称和 IP 地址,单击"下一步"按钮,进入"激活作用域"界面,如图 6.20 所示。选择"是,我想现在激活此作用域"单选按钮,单击"下一步"按钮,进入"正在完成新建作用域向导"界面,如图 6.21 所示,单击"完成"按钮,返回"DHCP"窗口。

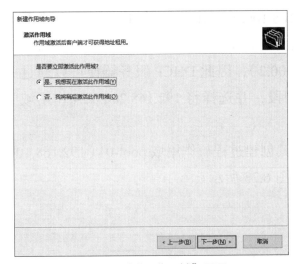

图 6.20 "激活作用域"界面

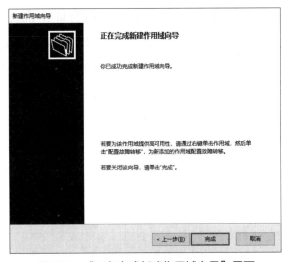

图 6.21 "正在完成新建作用域向导"界面

2. 创建多个 IP 作用域

可以在一台 DHCP 服务器上创建多个 IP 作用域,以便为多个子网内的 DHCP 客户端提供服务,创建多个 IP 地址作用域的网络拓扑结构如图 6.22 所示。

(1)在 DHCP 服务器上创建两个作用域:一个用来提供 IP 地址作用域给左侧网络内的客户端,此网络的网段为 192.168.100.0/24;另一个用来提供 IP 地址作用域给右侧网络内的客户端,此网络的网段为 192.168.200.0/24。

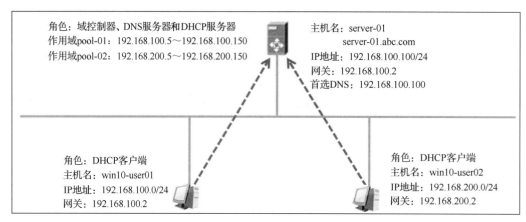

角色：域控制器、DNS服务器和DHCP服务器
作用域pool-01：192.168.100.5～192.168.100.150
作用域pool-02：192.168.200.5～192.168.200.150

主机名：server-01
　　　　server-01.abc.com
IP地址：192.168.100.100/24
网关：192.168.100.2
首选DNS：192.168.100.100

角色：DHCP客户端
主机名：win10-user01
IP地址：192.168.100.0/24
网关：192.168.100.2

角色：DHCP客户端
主机名：win10-user02
IP地址：192.168.200.0/24
网关：192.168.200.2

图6.22　创建多个IP地址作用域的网络拓扑结构

（2）左侧网络内的客户端在向DHCP服务器租用IP地址时，DHCP服务器会选择192.168.100.0/24作用域的IP地址，而不是192.168.200.0/24作用域的IP地址。左侧网络内的客户端所发出的租用IP地址数据报是直接由DHCP服务器来接收的，因此数据报内的GIADDR（Gateway IP Address，网关IP地址）字段中的路由器IP地址为0.0.0.0。当DHCP服务器发现此IP地址为0.0.0.0时，就知道是同一个网段（192.168.100.0/24）内的客户端租用IP地址，它会选择将192.168.100.0/24作用域中的IP地址分配给客户端。

（3）右侧网络内的客户端在向DHCP服务器租用IP地址时，DHCP服务器会选择192.168.200.0/24作用域的IP地址，而不是192.168.100.0/24作用域的IP地址。右侧网络内的客户端所发出的租用IP地址数据报是通过路由器转发的，路由器会在这个数据报内的GIADDR字段中填入路由器的IP地址（192.168.200.2），因此DHCP服务器便可以通过此IP地址得知DHCP客户端位于192.168.200.0/24网段，并选择将192.168.200.0/24作用域中的IP地址分配给客户端。

（4）创建作用域pool-02（192.168.200.0/24），其创建过程与作用域pool-01（192.168.100.0/24）的创建过程类似，这里不赘述。创建结果如图6.23所示。

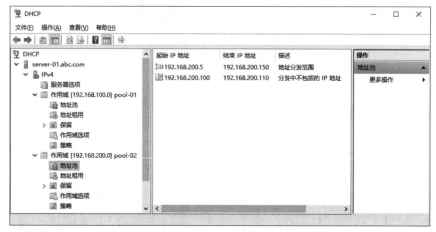

图6.23　作用域pool-02的创建结果

3. 保留特定的 IP 地址

IP 地址保留是指分配一个永久性的 IP 地址，这个 IP 地址属于一个作用域，并被永久保留给一个指定的 DHCP 客户端。

IP 地址保留的工作原理是将作用域中的某个 IP 地址与某个客户端的 MAC 地址进行绑定，使得拥有这个 MAC 地址的网络适配器每次都能获得相同的指定 IP 地址。

保留的 IP 地址具有与作用域一样的租期，因此，使用保留的 IP 地址的客户端具有与作用域中其他客户端一样的租约续订过程。

下面以某公司销售部为例为销售部经理保留 IP 地址（192.168.100.88/24），使得销售部经理的计算机每次启动时都可以获得这个保留的 IP 地址。

（1）查看销售部经理计算机的 MAC 地址。在命令提示符窗口中，使用 ipconfig /all 命令查看主机的 MAC 地址，如图 6.24 所示。

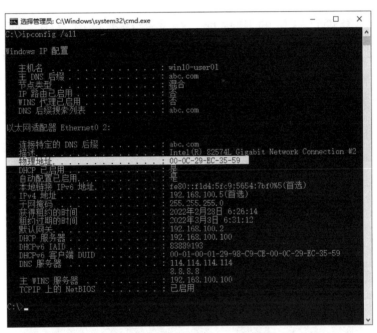

图 6.24　查看主机的 MAC 地址

（2）打开"服务器管理器"窗口，选择"DHCP"选项，打开"DHCP"窗口，选择"IPv4"→"保留"选项并单击鼠标右键，弹出的快捷菜单如图 6.25 所示。

（3）选择"新建保留"命令，弹出"新建保留"对话框，如图 6.26 所示。输入保留名称、IP 地址、MAC 地址以及描述等相应信息，在"支持的类型"选项组中选择"两者"单选按钮，单击"添加"按钮，

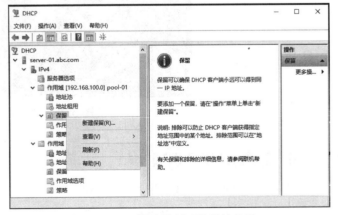

图 6.25　"保留"选项的快捷菜单

返回"DHCP"窗口，完成保留特定 IP 地址的设置，如图 6.27 所示。

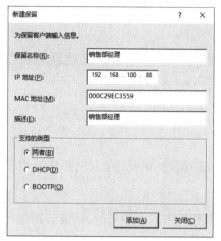

图 6.26 "新建保留"对话框

图 6.27 完成保留特定 IP 地址的设置

（4）查看销售部经理计算机的 IP 地址。在命令提示符窗口中，使用 ipconfig /all 命令查看主机的 IP 地址，大部分情况下，计算机的 IP 地址仍然是以前的 IP 地址。可以使用 ipconfig /release 命令释放现在的 IP 地址，使用 ipconfig /renew 命令更新 IP 地址。此时，如图 6.28 所示，可以看到销售部经理计算机的 IP 地址（已经变为 192.168.100.88），以及子网掩码与默认网关等相关信息。

图 6.28 查看 IP 地址等信息

4. 配置 DHCP 选项

DHCP 选项是指 DHCP 服务器可以为 DHCP 客户端分配的除了 IP 地址和子网掩码以外的其他配置参数，如客户端登录的域名、路由器、DNS 服务器、WINS 服务器、默认网关等。

配置 DHCP 选项能够增强客户端在网络中的功能。在租约生成的过程中，DHCP 服务器为 DHCP 客户端提供 IP 地址和子网掩码，而 DHCP 选项可以为 DHCP 客户端提供更多的 IP 地址配置参数。由于目前大多数 DHCP 客户端不支持全部的 DHCP 选项，因此在实际应用中，通常只需要对一些常用的 DHCP 作用域级别的选项进行配置。常用的 DHCP 选项如表6.1 所示。

表 6.1　常用的 DHCP 选项

选项代码	选项名称	描述
003	路由器	DHCP 客户端所在 IP 子网的默认网关的 IP 地址
006	DNS 服务器	DHCP 客户端解析 FQDN 时需要使用的首选和备用 DNS 服务器的 IP 地址
015	DNS 域名	指定 DHCP 客户端在解析只包含主机的不完整域名时应使用的默认域名
016	交换服务器	客户端的交换服务器 IP 地址
044	WINS 服务器	DHCP 客户端解析 NetBIOS 名称时需要使用的首选和备用 WINS 服务器的 IP 地址

DHCP 服务器支持 4 种级别的 DHCP 选项，分别是服务器级别选项、作用域级别选项、类级别选项和保留级别选项。如何应用这些 DHCP 选项，与配置这些选项的位置有直接关系。表 6.2 所示为 DHCP 选项及其优先顺序。

表 6.2　DHCP 选项及其优先顺序

选项名称	优先顺序
服务器级别选项	分配给 DHCP 服务器的所有客户端
作用域级别选项	分配给作用域的所有客户端
类级别选项	分配给一个类中的所有客户端
保留级别选项	只分配给设置了 IP 地址保留的、特定的 DHCP 客户端

从表 6.2 中可以看出，服务器级别选项的作用范围最大，保留级别选项的作用范围最小。如果在服务器级别选项和作用域级别选项上同时设置了某个选项参数，则最后 DHCP 客户端获取的选项参数将会是作用域级别选项参数，它们的优先级表示如下。

保留级别选项 > 类级别选项 > 作用域级别选项 > 服务器级别选项

在服务器级别选项上设置 DNS 服务器的 IP 地址为 192.168.100.100，在作用域级别选项上设置 003 路由器的 IP 地址为 192.168.100.2，配置 DHCP 选项的具体过程如下。

（1）打开"DHCP"窗口，选择"server-01.abc.com"→"IPv4"→"服务器选项"选项并单击鼠标右键，在弹出的快捷菜单中选择"配置选项"命令，如图 6.29 所示。弹出"服务器选项"对话框，在"常规"选项卡中，勾选"006 DNS 服务器"复选框，输入服务器名称进行解析，或是在 IP 地址（P）区域中输入 IP 地址，单击"添加"按钮进行解析，如图 6.30 所示。

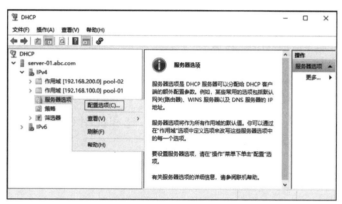

图 6.29　选择"配置选项"命令

图 6.30　"服务器选项"对话框

（2）单击"确定"按钮，返回"DHCP"窗口，选择"作用域选项"选项并单击鼠标右键，在弹出的快捷菜单中选择"配置选项"命令，弹出"作用域选项"对话框。在"常规"选项卡中，勾选"003 路由器"复选框，输入服务器名称进行解析，或直接输入 IP 地址进行添加，如图 6.31 所示，单击"确定"按钮，返回"DHCP"窗口，完成 DHCP 选项配置，如图 6.32 所示。

图 6.31　"作用域选项"对话框

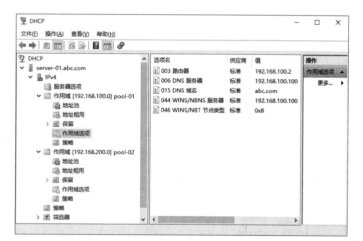

图 6.32　完成 DHCP 选项配置

5. 配置 DHCP 类别选项

通过策略为特定的客户端计算机分配不同的 IP 地址与选项时，可以通过 DHCP 客户端发送的供应商类、用户类来区分客户端计算机。

（1）类别选项

可以根据操作系统厂商提供的供应商类别标识符来设置供应商类别选项。Windows Server网络操作系统的DHCP服务器已具备识别Windows客户端的能力，并通过以下4个内置的供应商类别选项来设置客户端的DHCP选项。

① DHCP Standard Options：适用于所有的客户端。

② Microsoft Windows 2000：适用于Windows 2000（含）后的客户端。

③ Microsoft Windows 98：适用于Windows 98/ME客户端。

④ Microsoft：适用于其他的Windows客户端。

可以为某些DHCP客户端计算机设置用户类标识符。例如，当标识符为"IT"的客户端向DHCP服务器租用IP地址时，会将这个标识符一并发送给服务器，而服务器会依据此标识符来为客户端分配专用的选项设置。

（2）用户类实例操作

下面介绍如何通过用户类标识符来识别客户端计算机。例如，客户端win10-user01的用户类标识符为"IT"，当客户端向DHCP服务器租用IP地址时，会将标识符"IT"传递给服务器，希望服务器根据此标识符来分配客户端的IP地址，IP地址范围为192.168.100.140/24～192.168.100.150/24，且将客户端的DNS服务器的IP地址设置为192.168.100.100。

① 打开"DHCP"窗口，选择"server-01.abc.com"→"IPv4"选项并单击鼠标右键，在弹出的快捷菜单中选择"定义用户类"命令，如图6.33所示。弹出"DHCP用户类"对话框，如图6.34所示。

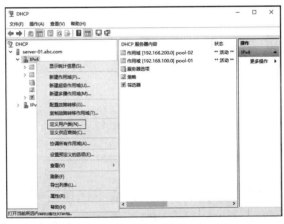

图6.33　选择"定义用户类"命令

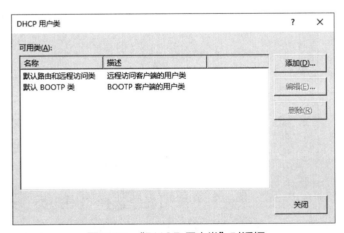

图6.34　"DHCP用户类"对话框

② 单击"添加"按钮，弹出"新建类"对话框，如图6.35所示，输入显示名称"研发部"，直接在"ASCII"处输入用户类标识符"IT"后，单击"确定"按钮，返回"DHCP"窗口。

③ 选择"server-01.abc.com"→"IPv4"→"作用域 [192.168.100.0]pool-01"→"策略"选项并单击鼠标右键，在弹出的快捷菜单中选择"新建策略"命令，弹出"DHCP策略配置向导"对话框，输入策略名称"test-IT"，如图6.36所示。

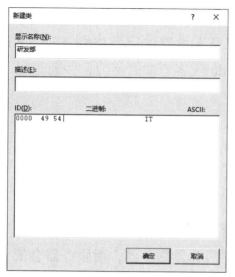

图 6.35 "新建类"对话框

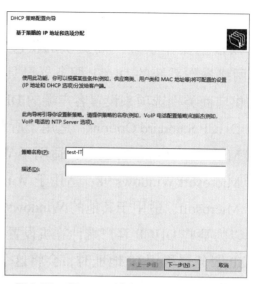

图 6.36 "DHCP 策略配置向导"对话框

④ 单击"下一步"按钮，进入"为策略配置条件"界面，如图 6.37 所示。单击"添加"按钮，弹出"添加 / 编辑条件"对话框，如图 6.38 所示。

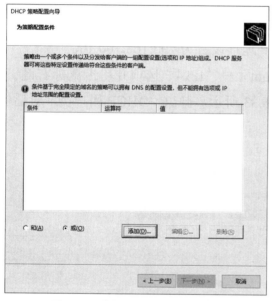

图 6.37 "为策略配置条件"界面

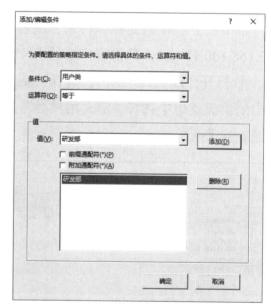

图 6.38 "添加 / 编辑条件"对话框

⑤ 在"条件"下拉列表中选择"用户类"选项，在"运算符"下拉列表中选择"等于"选项，在"值"下拉列表中选择"研发部"选项，单击"确定"按钮，进入"为策略配置设置"界面，如图 6.39 所示。在"是否要为策略配置 IP 地址范围"选项组中选择"是"单选按钮，设置起始 IP 地址为 192.168.100.140、结束 IP 地址为 192.168.100.150，单击"下一步"按钮，进入"为策略配置设置"界面，勾选"006 DNS 服务器"复选框，输入服务器名称进行解析，或直接输入 IP 地址进行添加，如图 6.40 所示。

⑥ 单击"下一步"按钮，进入"摘要"界面，如图 6.41 所示。单击"完成"按钮，返回"DHCP"窗口，完成策略选项配置，如图 6.42 所示。

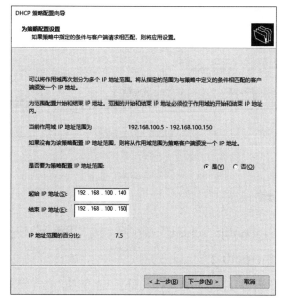

图 6.39　"为策略配置设置"界面（1）

图 6.40　"为策略配置设置"界面（2）

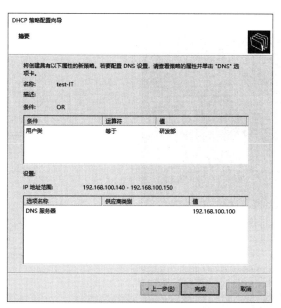

图 6.41　"摘要"界面

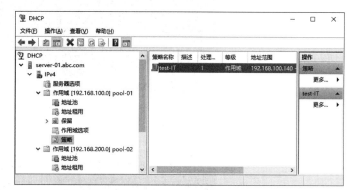

图 6.42　完成策略选项配置

（3）DHCP 客户端设置

例如，将客户端 win10-user01 的用户类标识符设置为"IT"，以管理员身份打开命令提示符窗口，利用 ipconfig /setclassid 命令来设置用户类标识符（区分字母大小写）。

可以使用以下 3 种方法来查看客户端的用户类标识符。

① 在桌面上选择"网络"图标并单击鼠标右键，在弹出的快捷菜单中选择"属性"→"网络和共享中心"→"更改适配器设置"命令，打开"网络连接"窗口。

② 以管理员身份打开命令提示符窗口，输入"control"命令，按"Enter"键，选择"网络和 Internet"→"网络和共享中心"→"查看网络状态和任务"→"更改适配器设置"选项，打开"网络连接"窗口，可以看到 win10-user01 客户端的用户类标识符为"Ethernet0 2"，

如图 6.43 所示。

图 6.43　客户端的用户类标识符

③ 以管理员身份打开命令提示符窗口，输入"ipconfig /renew"命令，按"Enter"键，可以看到 win10-user01 客户端的用户类标识符为"Ethernet0 2"。

使用 ipconfig /setclassid"Ethernet0 2" IT 命令来设置本地用户类标识符，命令执行结果如图 6.44 所示。使用 ipconfig /all 命令可以查看本地 IP 地址信息，如图 6.45 所示，客户端获得

图 6.44　设置本地用户类标识符

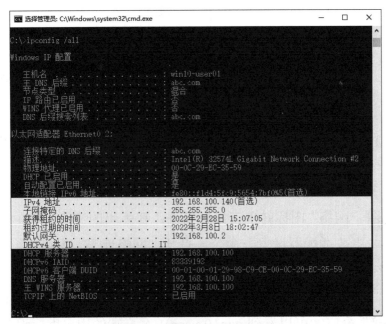

图 6.45　查看本地 IP 地址信息

的 IP 地址为 192.168.100.140，DNS 服务器的 IP 地址为 192.168.100.100，所得到的 IP 地址是在所设置的 IP 地址范围之内的。可以在客户端上使用 ipconfig /setclassid"Ethernet0 2" 命令来删除用户类标识符。

6. DHCP 客户端的配置与测试

DHCP 客户端的 IP 地址支持手动和自动两种设置方式。使用 DHCP 就是为了避免手动设置的大量重复工作和在设置中可能出现的差错。

当选择自动获取 DHCP 客户端 IP 地址时，可以同时为客户端设置一个备用配置，当 DHCP 客户端从一个子网移动到另外一个没有 DHCP 服务器的子网时，DHCP 客户端将无法获得 IP 地址，此时备用配置将生效。

DHCP 客户端可以在租用的任何时刻向 DHCP 服务器发送 DHCP Release 报文来释放它已有的 IP 地址配置信息，并可通过 DHCP Renew 报文来重新获得 IP 地址配置信息。

如果客户端无法向服务器租用 IP 地址，则在没有设置备用配置时，客户端每隔 5min 自动搜索 DHCP 服务器租用的 IP 地址。在未租到 IP 地址之前，客户端默认配置一个 169.254.0.0/16 网段格式的 IP 地址。

在 Windows 中配置 DHCP 客户端非常简单，操作步骤如下。

（1）在桌面上选择"网络"图标并单击鼠标右键，在弹出的快捷菜单中选择"属性"→"网络和共享中心"→"更改适配器设置"命令，打开"网络连接"窗口，双击"Ethernet0 2"图标，弹出"Ethernet0 2 状态"对话框，如图 6.46 所示。单击"属性"按钮，弹出"Ethernet0 2 属性"对话框，双击"Internet 协议版本 4（TCP/IPv4）"复选框，弹出"Internet 协议版本 4（TCP/IPv4）属性"对话框，选择"自动获得 IP 地址"和"自动获得 DNS 服务器地址"单选按钮，如图 6.47 所示。

图 6.46　"Ethernet0 2 状态"对话框

图 6.47　"Internet 协议版本 4（TCP/IPv4）属性"对话框

（2）选择"备用配置"选项卡，选择"用户配置"单选按钮，输入相关地址信息，如图 6.48 所示。单击"确定"按钮，返回"Ethernet0 2 状态"对话框，单击"详细信息"按钮，弹出"网络连接详细信息"对话框，如图 6.49 所示，可以查看网络连接详细信息。

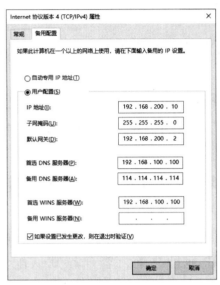

图 6.48　"备用配置"选项卡

图 6.49　"网络连接详细信息"对话框

课后实训

某公司以前的局域网规模很小，能以手动的方式配置 IP 地址，而随着业务的发展，公司的计算机数量增多，管理员在工作中发现存在如下问题。

（1）手动为客户端配置 IP 地址的工作量很大。

（2）经常出现 IP 地址冲突的情况。

请根据公司的实际情况，配置 DHCP 服务器为客户端分配 IP 地址；在服务器出现宕机或故障时，快速恢复 DHCP 服务并保留原有配置信息。

课后习题

1. 填空题

（1）DHCP 采用了客户端 / 服务器模式，使用 UDP 传输，从 DHCP 客户端到达 DHCP 服务器的报文使用目的端口（　　），从 DHCP 服务器到达 DHCP 客户端的报文使用源端口（　　）。

（2）在 Windows Server 2019 中，查看 IP 地址配置使用（　　）命令，释放 IP 地址使用（　　）命令，重新获得 IP 地址使用（　　）命令。

2. 选择题

（1）【单选】DHCP 选项的设置中，不可以设置的是（　　　）。

　　A．DNS 域名　　　　B．DNS 服务器　　　C．路由器　　　　D．计算机名

（2）【单选】下列选项中，（　　　）命令用来释放网络适配器的 IP 地址。

　　A．ipconfig /all　　　　　　　　　　　B．ipconfig /release

　　C．ipconfig /renew　　　　　　　　　　D．ipconfig /setclassid

3. 简答题

（1）简述 DHCP 的工作原理。

（2）简述 DHCP 地址分配类型。

（3）简述保留特定的 IP 地址的作用。

第7章
Web与FTP服务器配置管理

本章主要讲解 Web 与 FTP 服务器基础知识和技能实践，包括 Web 服务器概述、FTP 服务器概述、安装 Web 与 FTP 服务器角色、创建一个 Web 网站、创建多个 Web 网站、管理 Web 网站虚拟目录、创建和管理 FTP 站点、创建 FTP 虚拟目录、创建 FTP 虚拟主机、在活动目录环境下实现 FTP 多用户隔离等相关内容。

学习目标

【知识目标】
· 理解Web服务器的基础知识。
· 理解FTP服务器的基础知识。

【能力目标】
· 掌握安装Web与FTP服务器角色、创建一个Web网站、创建多个Web网站、管理Web网站虚拟目录的方法。
· 掌握创建和管理FTP站点、创建FTP虚拟目录、创建FTP虚拟主机、在活动目录环境下实现FTP多用户隔离的方法。

【素养目标】
· 培养自我学习的能力和习惯。
· 树立团队互助、合作进取的意识。

7.1 Web 与 FTP 服务器基础知识

IIS 提供了基本服务，包括发布信息、传输文件、支持用户通信和更新服务所依赖的数据存储。

7.1.1 Web 服务器概述

随着互联网的不断发展，Web 服务早已成为人们日常生活中必不可少的组成部分，只要在浏览器的地址栏中输入网址并按"Enter"键，即可进入网络世界，访问海量资源。Web 服务已经成为人们工作、学习、娱乐和社交等活动的重要工具，对于绝大多数的普通用户而言，万维网（World Wide Web，WWW）几乎就是 Web 服务的代名词。Web 服务提供的资源多种多样，可以是简单的文本，也可以是图片、音频和视频等多媒体数据等。如今，随着移动网络技术的迅猛发展，智能手机逐渐成为人们访问 Web 服务的工具，不管使用的是计算机还是使用智能手机，Web服务的基本原理都是相同的。

微课

V7.1　Web服
务器概述

1. Web 服务的工作原理

WWW 是互联网中被广泛应用的一种信息服务技术，采用的是客户端 / 服务器模式。WWW 整理和存储各种 WWW 资源，并响应客户端软件的请求，把需要的信息资源通过浏览器传送给用户。

Web 服务通常可以分为两种：静态服务和动态服务。Web 服务运行于 TCP 基础之上，每个网站都对应一台（或多台）Web 服务器，服务器中有各种资源，客户端就是浏览器。Web 服务的工作原理并不复杂，一般可分为 4 个过程，即连接过程、请求过程、应答过程及关闭连接。

① 连接过程：浏览器和 Web 服务器之间建立 TCP 连接的过程。

② 请求过程：浏览器向 Web 服务器发出资源查询请求的过程，在浏览器中输入的统一资源定位符（Uniform Resource Locator，URL）表示资源在 Web 服务器中的具体位置。

③ 应答过程：Web 服务器根据 URL 把相应的资源返回给浏览器，浏览器以网页的形式把资源展示给用户。

④ 关闭连接：在应答过程完成之后，浏览器和 Web 服务器之间断开连接的过程。

浏览器和 Web 服务器之间的一次交互也被称为一次"会话"。

2. 超文本传送协议

超文本传送协议（Hyper Text Transfer Protocol，HTTP）是互联网的一个重要组成部分。Apache、IIS 服务器是 HTTP 的服务器软件，微软公司的 Edge 和 Mozilla 的 Firefox 则是 HTTP 的客户端实现。

3. 简单邮件传送协议

简单邮件传送协议（Simple Mail Transfer Protocol，SMTP）是一组用于从源地址到目的地址传输邮件的规范，可控制邮件的中转方式。通过 SMTP 服务，IIS 能够发送和接收电子邮件。例如，为确认用户提交表格是否成功，可以对服务器编程以自动发送邮件来响应事件，也可以使用 SMTP 服务接收来自网站客户反馈的消息。

7.1.2　FTP 服务器概述

一般来讲，人们将计算机联网的首要目的就是获取资料，而文件传输是一种非常重要的获取资料的方式。今天的互联网是由海量 PC、工作站、服务器、小型机、大型机、巨型机等不同型号、不同架构的物理设备共同组成的，即便是 PC，也可能会装有 Windows、Linux、UNIX、Mac OS 等不同的操作系统。为了能够在如此复杂多样的设备之间解决文件传输问题，FTP 应运而生。

微课

V7.2　FTP 服务器概述

1. FTP 简介

FTP 是一种在互联网中进行文件传输的协议，基于客户端 / 服务器模式，默认使用端口 20、21，其中，端口 20（数据端口）用于进行数据传输，端口 21（命令端口）用于接收客户端发出的 FTP 相关命令与参数。FTP 服务器普遍部署于内网，具有容易搭建、方便管理的特点。有些 FTP 客户端工具支持文件的多点下载及断点续传技术，因此 FTP 服务受到了广大用户的青睐。FTP 的优点是小巧轻便、安全易用、稳定高效、可伸缩性好、可限制带宽、可创建虚拟用户、支持 IPv6、传输速率高，可满足企业跨部门、多用户的使用需求等。

FTP 服务器是遵循 FTP 在互联网中提供文件存储和访问服务的主机；FTP 客户端则是向服务器发送连接请求，以建立数据传输链路的主机。FTP 有以下两种工作模式。

① 主动模式：FTP 服务器主动向客户端发起连接请求。

② 被动模式：FTP 服务器等待客户端发起连接请求（这是 FTP 的默认工作模式）。

2. FTP 的工作原理

FTP 的目标是提高文件的共享性，提供非直接使用的远程计算机，使存储介质对用户透明、可靠，能高效地传送数据，它能操作任何类型的文件而不需要进一步处理。但是，FTP 有极高的时延，从开始请求到第一次接收需求数据的时间非常长，且必须完成一些冗长的登录过程。

FTP 是基于客户端 / 服务器模式设计的，其在客户端与 FTP 服务器之间建立了两个 TCP 连接。在开发任何基于 FTP 的客户端软件时，都必须遵循 FTP 的工作原理。FTP 的独特优势是它在两台通信的主机之间使用两个 TCP 连接：一个是数据连接，用于传送数据；另一个是控制连接，用于传送控制信息（命令和响应）。这种将命令和数据分开传送的思想大大提高了 FTP 的效率，而其他客户端 / 服务器应用程序一般只有一个 TCP 连接。

FTP 大大简化了文件传输的过程，它能使文件通过网络从一台计算机传送到另外一台计算机上而不受计算机和操作系统类型的限制，无论是 PC、服务器、大型机，还是 Mac OS、Linux、Windows，只要双方都支持 FTP，就可以方便、可靠地进行文件的传输。

FTP 服务器的具体工作流程如下。

（1）FTP 客户端向 FTP 服务器发出连接请求，同时，FTP 客户端动态地打开一个端口号大于 1024 的端口（如 3012 端口），等候 FTP 服务器连接。

（2）若 FTP 服务器在其 21 端口监听到连接请求，则会在 FTP 客户端的 3012 端口和 FTP 服务器的 21 端口之间建立一个 FTP 连接。

（3）当需要传输数据时，FTP 客户端动态地打开一个端口号大于 1024 的端口（如 3013 端口），连接到 FTP 服务器的 20 端口，并在这两个端口之间进行数据的传输。当数据传输完毕后，这两个端口会自动关闭。

（4）当 FTP 客户端断开与 FTP 服务器的连接时，FTP 客户端会自动释放分配的端口。

7.2 技能实践

目前，大部分公司都有自己的网站，用来实现信息发布、资料查询、数据处理、网络办公、远程教育和视频点播等功能，还可以用来实现电子邮件服务。搭建网站需要使用 Web 服务，而在小型网络中使用最多的网络操作系统之一是 Windows Server，因此微软公司的 IIS 提供的 Web 服务和 FTP 服务也成为使用较为广泛的服务。

7.2.1 安装 Web 与 FTP 服务器角色

安装 Web 与 FTP 服务器角色的具体步骤如下。

（1）打开"服务器管理器"窗口，选择"管理"→"添加角色和功能"命令，在打开的"添加角色和功能向导"窗口中，持续单击"下一步"按钮，直到进入"选择服务器角色"界面，勾选"Web 服务器（IIS）"复选框，弹出"添加角色和功能向导"对话框，如图 7.1 所示。单击"添加功能"按钮，返回"选择服务器角色"界面，持续单击"下一步"按钮，直到进入"选择角色服务"界面，勾选全部有关安全性的复选框，并勾选"FTP 服务器"复选框，如图 7.2 所示。

（2）持续单击"下一步"按钮，最后单击"安装"按钮，开始安装 Web 与 FTP 服务器角色，安装完成的界面如图 7.3 所示。安装完毕后，单击"关闭"按钮，完成 Web 与 FTP 服务器角色的安装。打开"服务器管理器"窗口，选择"工具"→"Internet Information Services（IIS）管理器"命令，打开"Internet Information Services（IIS）管理器"窗口，在此可以配置和管理 Web 与 FTP 服务器，如图 7.4 所示。

（3）安装 IIS 以后，测试 Web 服务器是否能正常工作。以客户端 win10-user01 为例进行测试，在浏览器中可以使用以下 3 种地址格式进行测试。

① IP 地址：http://192.168.100.100/。测试结果如图 7.5 所示。

图 7.1 "添加角色和功能向导"对话框

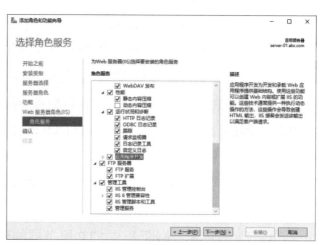

图 7.2 "选择角色服务"界面

图 7.3 安装完成的界面

图 7.4 "Internet Information Services（IIS）管理器"窗口

② DNS 域名地址：http://DNS1.abc.com。测试结果如图 7.6 所示。

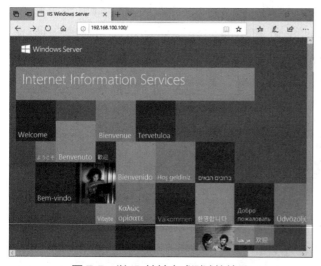

图 7.5 以 IP 地址方式测试的结果

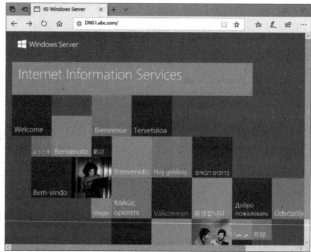

图 7.6 以 DNS 域名地址方式测试的结果

③ 计算机名：http://DNS1/。

7.2.2　创建一个 Web 网站

HTML 是一种用于创建网页的标准标记语言。Web 网站也称为网站（Website），是指在 Internet 中根据一定的规则，使用 HTML 等语言开发的用于展示特定相关资源的集合。这些资源可能包括各种文本、图片、视频、音频、脚本程序、程序接口、数据库等。

在使用浏览器浏览 Web 网站时，用户在浏览器的地址栏中输入的网站地址为 URL。就像每个人都有唯一的身份证号码一样，每个 Web 资源也都有唯一的 URL。使用 URL 可以将整个 Internet 中的资源用统一的格式进行定位。URL 的一般格式如下。

```
http:// 主机名：端口号 / 路径 / 文件名
```

例如，http://www.lncc.edu.cn/web/login.html 这个 URL 表示 www.lncc.edu.cn 这台 Web 服务器的网站主目录的 web 子目录下的网页文件 login.html。

1. 项目规划

部署 Web 服务器的网络拓扑结构如图 7.7 所示。

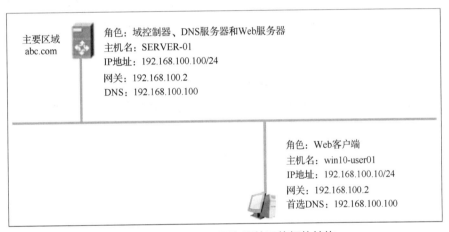

图 7.7　部署 Web 服务器的网络拓扑结构

在部署 Web 服务器之前需完成如下配置。

（1）在服务器 SERVER-01 上部署域环境，域名为 abc.com。

（2）设置 DNS 服务器的 TCP/IP 属性，如设置其 IP 地址、子网掩码、默认网关和 DNS 服务器的 IP 地址等相关信息。

（3）设置 Windows 10 客户端主机的 TCP/IP 属性，如设置其 IP 地址、子网掩码、默认网关和 DNS 服务器的 IP 地址等相关信息。

2. 管理和创建 Web 网站

打开"服务器管理器"窗口，选择"工具"→"Internet Information Services（IIS）管理器"命令，打开"Internet Information Services（IIS）管理器"窗口，选择"SERVER-01（ABC\Administrator）"→"网站"→"Default Web Site"选项并单击鼠标右键，在弹出的快捷菜单

中选择"管理网站"→"启动"或"停止"命令，可以对默认网站（Default Website）进行启动或停止操作，如图 7.8 所示。

图 7.8　管理默认网站

管理和创建 Web 网站的具体操作步骤如下。

（1）准备 Web 网站内容。在 D 盘中创建文件夹 D:\web 来作为网站的主目录，并在该文件夹中存放网页文件 index.html 来作为网站的首页，网页内容为"Welcome to here!"。网站首页文件可以使用记事本或 Dreamweaver 等软件进行编写。

（2）创建 Web 网站。打开"Internet Information Services(IIS)管理器"窗口，选择"网站"选项并单击鼠标右键，在弹出的快捷菜单中选择"添加网站"命令，弹出"添加网站"对话框，如图 7.9 所示。输入网站名称，选择物理路径，绑定 IP 地址与端口，单击"确定"按钮，返回"Internet Information Services（IIS）管理器"窗口，可以看到新创建的 Web 网站 web-test01，如图 7.10 所示。

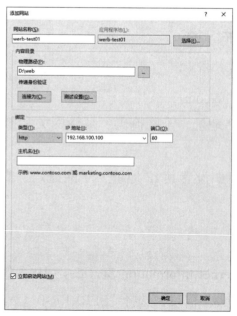

图 7.9　"添加网站"对话框

图 7.10　新创建的 Web 网站 web-test01

（3）测试 Web 网站 web-test01。在客户端 win10-user01 中打开浏览器，在其地址栏中输入"http://192.168.100.100"或"http://dns1.abc.com"后，按"Enter"键均可访问刚才创建的网站 web-test01，如图 7.11 所示。

图 7.11　测试 Web 网站 web-test01

（4）设置默认文档。默认文档是指在浏览器中输入 Web 网站的 IP 地址或域名后按"Enter"键显示出来的 Web 页面，也就是通常所说的首页（Home Page）。Windows Server 2019 中的 IIS 10.0 的默认文档有 5 种，分别为 Default.htm、Default.asp、index.htm、index.html 和 iisstart.htm。默认文档的文件名也是一般网站中常用的首页名。默认文档既可以有一个，也可以有多个。当设置多个默认文档后，IIS 将按照排列的先后顺序依次调用这些文档。当第一个文档存在时，将直接把它显示在用户的浏览器中，而不再调用后面的文档；当第一个文档不存在时，会将第二个文档显示在浏览器中，以此类推。

打开"Internet Information Services（IIS）管理器"窗口，在左侧窗格中选择"网站"→"web-test01"选项，在中间窗格中选择"默认文档"图标，会显示网站 web-test01 的默认文档，如图 7.12 所示。在右侧窗格中可以通过选择"上移"或"下移"选项来调整默认文档的顺序。

如果 Web 网站无法找到这 5 种文档中的任何一个文档，例如，将 D:\web\index.html 更改为 D:\web\index01.html，此时用户在客户端访问 Web 网站时，将会在 Web 浏览器中看到"服务器错误"提示信息，如图 7.13 所示。

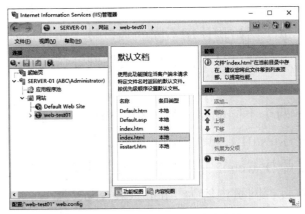

图 7.12　web-test01 的默认文档

图 7.13　"服务器错误"提示信息

　　使用域名访问 Web 网站时，必须正确配置 DNS 服务器，正确创建主机记录或别名记录等相关内容；在测试时，建议暂时关闭服务器与客户端上的所有的软 / 硬件防火墙。

7.2.3　创建多个 Web 网站

　　使用 IIS 10.0 的虚拟机技术，通过分配 TCP 端口、IP 地址和主机头，可以在一台服务器上创建多个虚拟 Web 网站。每个网站都具有由端口号、IP 地址和主机头 3 个部分组成的唯一的网站标识，用来接收来自客户端的请求。不同的 Web 网站可以提供不同的 Web 服务，且每一个虚拟主机都和一台独立的主机完全一样。这样的方式适用于企业或组织需要创建多个网站的情况，可以节省成本。创建多个 Web 网站可以通过以下 3 种方式实现。

　　（1）使用不同端口创建多个 Web 网站。

　　（2）使用不同主机头创建多个 Web 网站。

　　（3）使用不同 IP 地址创建多个 Web 网站。

　　在创建 Web 网站时，要根据企业本身现有的条件，如投资的多少、IP 地址的多少、网站性能的要求等，选择不同的虚拟机技术。

1. 使用不同端口创建多个 Web 网站

　　如果要在 Web 服务器上创建多个 Web 网站，但计算机只有一个 IP 地址，那么利用这一个 IP 地址和不同的端口号也可以达到创建多个 Web 网站的目的。其实，用户访问所有的网站都需要使用相应的 TCP 端口，只不过 Web 服务器默认的 TCP 端口为 80，在用户访问时不需要输入。如果网站的 TCP 端口不为 80，则在输入网址时必须添加相应的端口号。利用 Web 服务的这个特点，可以创建多个 Web 网站，每个网站均使用不同的端口号。使用这种方式创建的网站，其域名或 IP 地址部分完全相同，仅端口号不同。用户使用网址访问网站时，必须加上相应的端口号。

　　在同一台 Web 服务器上使用同一个 IP 地址、两个不同的端口号（80、8080）创建两个 Web 网站（其中第 1 个网站为 7.2.2 小节创建的 web-test01），具体操作步骤如下。

　　（1）准备 Web 网站内容。在 D 盘中创建文件夹 D:\web02 来作为网站的主目录，并在该文件夹中存放网页文件 index.html 来作为网站的首页，网页内容为"hello everyone!"。

　　（2）以域管理员账户登录 Web 服务器，打开"Internet Information Services（IIS）管理器"窗口，选择"网站"选项并单击鼠标右键，在弹出的快捷菜单中选择"添加网站"命令，弹出"添加网站"对话框，创建第 2 个 Web 网站，网站名称为 web-test02，其物理路径为 D:\web02，IP 地址为 192.168.100.100，端口号为 8080，如图 7.14 所示。单击"确定"按钮，返回"Internet Information Services（IIS）管理器"窗口，Web 网站 web-test02 创建完成，如图 7.15 所示。

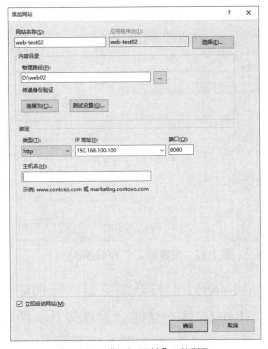

图 7.14 "添加网站"对话框

图 7.15 Web 网站 web-test02 创建完成

（3）在客户端上访问这两个网站。在客户端 win10-user01 上打开浏览器，分别输入"http://192.168.100.100"和"http://192.168.100.100:8080"并按"Enter"键，这时会发现打开了两个不同的网站，即 web-test01 和 web-test02。

2. 使用不同主机头创建多个 Web 网站

使用 www.abc.com 访问第 1 个 Web 网站 web-test01，使用 www1.abc.com 访问第 2 个 Web 网站 web-test02，具体操作步骤如下。

（1）以域管理员账户登录 Web 服务器，打开"Internet Information Services（IIS）管理器"窗口，选择"网站"→"web-test01"选项并单击鼠标右键，在弹出的快捷菜单中选择"编辑绑定"命令，弹出"编辑网站绑定"对话框，输入 IP 地址 192.168.100.100、端口 80、主机名 www.abc.com，如图 7.16 所示。单击"确定"按钮，返回"Internet Information Services（IIS）管理器"窗口，选择"网站"→"web-test02"选项并单击鼠标右键，在弹出的快捷菜单中选择"编辑绑定"命令，弹出"编辑网站绑定"对话框，输入 IP 地址 192.168.100.100、端口 80、主机名 www1.abc.com，如图 7.17 所示。

（2）打开"DNS 管理器"窗口，选择"DNS"→"SERVER-01"→"正向查找区

域"→"abc.com"选项并单击鼠标右键，在弹出的快捷菜单中选择"新建别名"命令。弹出"新建资源记录"对话框，在"别名（如果为空则使用文域）"文本框中输入"www1"，在"目标主机的完全合格的域名（FQDN）"文本框中输入"DNS1.abc.com"，单击"确定"按钮，别名创建完成，配置完成后的"DNS 管理器"窗口如图 7.18 所示。

图 7.16　设置第 1 个 Web 网站

图 7.17　设置第 2 个 Web 网站

（3）在客户端上访问这两个网站。在客户端 win10-user01 上打开浏览器，分别输入"http://www.abc.com"和"http://www1.abc.com"并按"Enter"键，这时会发现打开了两个不同的网站，即 web-test01 和 web-test02，访问网站 web-test02 的结果如图 7.19 所示。

图 7.18　配置完成后的"DNS 管理器"窗口

图 7.19　访问网站 web-test02 的结果

3. 使用不同 IP 地址创建多个 Web 网站

如果要在一台 Web 服务器上创建多个 Web 网站，为了使每个网站域名都能对应独立的 IP 地址，则一般使用多个 IP 地址来实现。这种方案称为 IP 虚拟主机技术，是比较传统的解决方案。当然，为了使用户能在浏览器中使用不同的域名来访问不同的 Web 网站，必须将主机名及其对应的 IP 地址添加到 DNS 中。要使用多个 IP 地址创建多个 Web 网站，需要在一台服务器上绑定多个 IP 地址。一张网卡可以绑定多个 IP 地址，将这些 IP 地址分配给不同的虚拟网站，就可以达到在一台服务器上利用多个 IP 地址来创建多个 Web 网站的目的。例如，要在一台服务器上创建 www.abc.com 和 www1.abc.com 两个网站，其对应的 IP 地址分别为 192.168.100.100 和 192.168.100.101，则需要在 Web 服务器的网卡中添加这两个 IP 地址，具体操作步骤如下。

（1）以域管理员账户登录 Web 服务器，在桌面上选择"网络"图标并单击鼠标右键，在弹出的快捷菜单中选择"属性"命令，打开"网络和共享中心"窗口。单击"更改适配器设置"链接，打开"网络连接"窗口，双击"Ethernet0"网卡，弹出"Ethernet0 属性"对话框，双击"Internet 协议版本 4（TCP/IPv4）"选项，弹出"Internet 协议版本 4（TCP/IPv4）属性"对话框。单击"高级"按钮，弹出"高级 TCP/IP 设置"对话框，单击"IP 地址"选项组中的"添加"按钮，打开"TCP/IP 地址"窗口，输入 IP 地址 192.168.100.101、子网掩码 255.255.255.0，单击"添加"按钮，返回"高级 TCP/IP 设置"对话框，如图 7.20 所示。

（2）更改第 2 个网站的 IP 地址和端口号。以域管理员身份登录 Web 服务器，打开"Internet Information Services（IIS）管理器"窗口，选择"网站"→"web-test02"选项并单击鼠标右键，在弹出的快捷菜单中选择"编辑绑定"命令，弹出"编辑网站绑定"对话框，输入 IP 地址 192.168.100.101、端口 80，如图 7.21 所示。

图 7.20 "高级 TCP/IP 设置"对话框

图 7.21 "编辑网站绑定"对话框

（3）在客户端上访问这两个网站。在客户端 win10-user01 上打开浏览器，分别输入"http://192.168.100.100"和"http://192.168.100.101"并按"Enter"键，这时会发现打开了两个不同的网站，即 web-test01 和 web-test02。

7.2.4　管理 Web 网站虚拟目录

在 Web 网站中，Web 文件都会保存在一个或多个目录下，这些文件包括 HTML 内容文件、Web 应用程序和数据库等，甚至有的会保存在多台计算机的多个目录下。因此，为了使其他目录中的内容和信息也能够通过 Web 网站发布，需要创建虚拟目录，当然，也可以在物理目录下直接创建目录来管理内容。

1.　虚拟目录与物理目录

在 Internet 上浏览网页时，经常会看到一个网站中有许多子目录，这些就是虚拟目录。虚拟目录只是一个文件夹，并不一定位于主目录下，但在浏览 Web 网站的用户看来，虚拟目录就像位于主目录下一样。任何一个网站都需要使用目录来保存文件，即将所有的网页及相关文件都存放到网站的主目录之下，也就是在主目录之下建立子文件夹，并将文件放到这些子文件夹内，这些子文件夹也称物理目录。也可以将文件保存到其他物理文件夹内，如本地计算机或其他计算机文件夹内，并通过虚拟目录进行映射，每个虚拟目录都有一个别名。虚拟目录的好处是在不改变别名的情况下，可随时改变其他对应的文件夹。

在 Web 网站中，默认发布主目录下的内容。如果要发布其他物理目录下的内容，则需要创建虚拟目录。虚拟目录也就是网站的子目录，每个网站都可能会有多个子目录，不同的子目录内容不同，在磁盘中会用不同的文件夹来存放不同的文件。例如，image 文件夹用于存放网站图片等，bbs 文件夹用于存放论坛文件等。

2.　创建虚拟目录

在 www.abc.com 对应的网站上创建一个名为 bbs 的虚拟目录，其路径为本地磁盘中的 D:\web03，该文件夹下有文档 index.html，其网页内容为 "hello my friend!"，具体操作步骤如下。

（1）准备 Web 网站内容。在 D 盘中创建文件夹 web03 作为网站的主目录，并在该文件夹中存放网页文件 index.html 作为网站的首页，网页内容为 "hello my friend!"。

（2）以域管理员账户登录 Web 服务器，打开 "Internet Information Services（IIS）管理器" 窗口，选择 "网站" → "web-test02" 选项并单击鼠标右键，在弹出的快捷菜单中选择 "添加虚拟目录" 命令，弹出 "添加虚拟目录" 对话框，在 "别名" 文本框中输入 "bbs"，设置物理路径为 D:\web03，如图 7.22 所示。单击 "确定" 按钮，返回 "Internet Information Services（IIS）管理器" 窗口，可以看到 bbs 虚拟目录已经创建完成，如图 7.23 所示。

（3）在客户端上访问虚拟目录网站。在客户端 win10-user01 上打开浏览器，在其地址栏中输入 "http://www1.abc.com/bbs" 并按 "Enter" 键，访问 D:\web03 目录下的默认网站，如图 7.24 所示。

图 7.22 "添加虚拟目录"对话框

图 7.23 bbs 虚拟目录创建完成

图 7.24 访问虚拟目录网站

7.2.5 创建和管理 FTP 站点

在创建 FTP 服务器之前，需要了解项目规划和部署环境。FTP 服务器配置完成之后，就可以在客户端浏览器上使用 IP 地址访问 FTP 服务器。

1. 项目规划

部署 FTP 服务器的网络拓扑结构如图 7.25 所示。

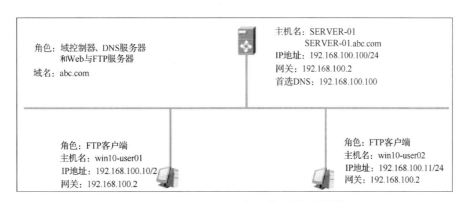

图 7.25 部署 FTP 服务器的网络拓扑结构

（1）部署域环境，域名为 abc.com，设置 FTP 服务器的 TCP/IP 属性，手动指定 IP 地址、子网掩码、默认网关和 DNS 服务器的 IP 地址等相关信息。

（2）设置 FTP 客户端的 TCP/IP 属性，手动指定 IP 地址、子网掩码、默认网关和 DNS 服务器的 IP 地址等相关信息。

2．创建使用 IP 地址访问的 FTP 站点

在 FTP 服务器上创建一个新站点 ftp-test01，使用户在 FTP 客户端上能通过 IP 地址和域名进行访问，具体操作步骤如下。

（1）准备 FTP 主目录。在 D 盘中创建文件夹 D:\ftp 来作为 FTP 的主目录，并在该文件夹内存放文件 test-01.txt，供用户在客户端上下载和上传测试使用。

（2）创建 FTP 站点。以域管理员账户登录 FTP 服务器，打开"Internet Information Services（IIS）管理器"窗口，选择"SERVER-01（ABC\Administrator）"选项并单击鼠标右键，在弹出的快捷菜单中选择"添加 FTP 站点"命令，如图 7.26 所示。此时弹出"添加 FTP 站点"对话框，如图 7.27 所示。

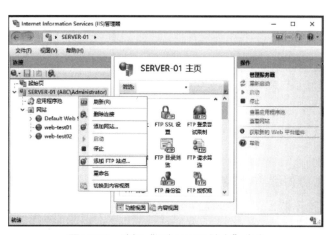

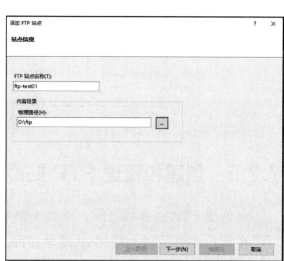

图 7.26　选择"添加 FTP 站点"命令　　　　　图 7.27　"添加 FTP 站点"对话框

（3）输入 FTP 站点名称，选择物理路径，单击"下一步"按钮，进入"绑定和 SSL 设置"界面，如图 7.28 所示。绑定 IP 地址与端口，选择"无 SSL"单选按钮，单击"下一步"按钮，进入"身份验证和授权信息"界面，如图 7.29 所示。

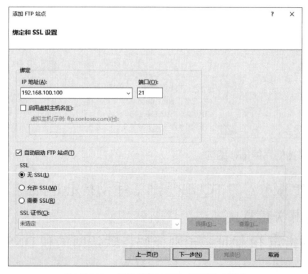

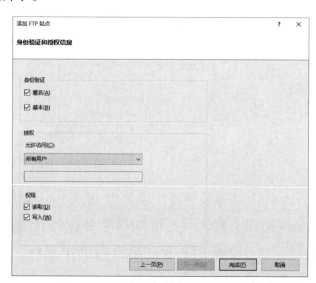

图 7.28　"绑定和 SSL 设置"界面　　　　　图 7.29　"身份验证和授权信息"界面

（4）单击"完成"按钮，返回"Internet Information Services（IIS）管理器"窗口，可以看到FTP站点ftp-test01创建完成，如图7.30所示。

图7.30　FTP站点ftp-test01创建完成

（5）测试FTP站点。在客户端win10-user01的文件资源管理器窗口中输入"ftp://192.168.100.100"并按"Enter"键，访问FTP站点ftp-test01，如图7.31所示。

图7.31　使用IP地址访问FTP站点

注意

本例的FTP站点允许用户匿名访问，也允许特定用户访问，访问FTP服务器主目录的最终权限由主目录的权限与用户对FTP主目录的NTFS权限共同决定，哪一个严格就采用哪一个。

3. 创建使用域名访问的FTP站点

创建使用域名访问的FTP站点的具体操作步骤如下。

（1）以域管理员账户登录DNS服务器，打开"DNS管理器"窗口，选择"DNS"→"SERVER-01"→"正向查找区域"→"abc.com"选项并单击鼠标右键，在弹出的快捷菜单中选择"新建别名（CNAME）"命令，弹出"新建资源记录"对话框，输入别名和目标主机的完全合格的域名，如图 7.32 所示。

（2）测试 FTP 站点。在客户端 win10-user01 的文件资源管理器窗口中输入"ftp://ftp.abc.com"并按"Enter"键，访问 FTP 站点 ftp-test01，如图 7.33 所示。

图 7.32　"新建资源记录"对话框

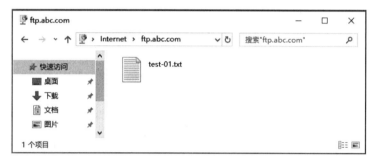

图 7.33　使用域名访问 FTP 站点

7.2.6　创建 FTP 虚拟目录

使用虚拟目录可以在服务器硬盘中创建多个物理目录，或者引用其他计算机上的主目录，从而为不同的用户提供不同的目录，并为不同的目录分别授予不同的权限，如读取、写入等。使用 FTP 虚拟目录时，因为用户不知道文件的具体存储位置，所以其安全性更高。

在 FTP 站点上创建虚拟目录 virdir 的具体操作步骤如下。

（1）准备虚拟目录内容。在 FTP 服务器中创建文件夹 D:\virtual-dir01，作为 FTP 虚拟目录的主目录，在该文件夹内存入一个文件 vir-test-01.txt，供用户在客户端上下载使用。

（2）创建虚拟目录。以域管理员账户登录 FTP 服务器，打开"Internet Information Services（IIS）管理器"窗口，选择"网站"→"ftp-test01"选项并单击鼠标右键，在弹出的快捷菜单中选择"添加虚拟目录"命令，弹出"添加虚拟目录"对话框，在"别名"文本框中输入 virdir，设置物理路径为 D:\virtual-dir01，如图 7.34 所示。单击"确定"按钮，返回"Internet Information Services（IIS）管理器"窗口，可以看到虚拟目录"virdir"创建完成，如图 7.35 所示。

（3）测试 FTP 站点的虚拟目录。在客户端 win10-user01 的文件资源管理器窗口中输入"ftp://ftp.abc.com/virdir"或"ftp://192.168.100.100/virdir"并按"Enter"键，访问 FTP 站点的虚拟目录 virdir，如图 7.36 和图 7.37 所示。

图 7.34　"添加虚拟目录"对话框

图 7.35　虚拟目录 virdir 创建完成

图 7.36　以域名方式测试 FTP 站点的虚拟目录

图 7.37　以 IP 地址方式测试 FTP 站点的虚拟目录

7.2.7　创建 FTP 虚拟主机

一个 FTP 站点是由一个 IP 地址和一个端口号唯一标识的，改变其中任意一项均会标识不同的 FTP 站点。但是在 FTP 服务器中，通过"Internet Information Services（IIS）管理器"窗口只能创建一个 FTP 站点。在实际应用环境中，有时需要在一台服务器中创建两个不同的 FTP 站点，这就涉及虚拟主机的问题。

在一台服务器中创建两个 FTP 站点时，默认只能启动其中一个 FTP 站点，用户可以通过更改其 IP 地址或端口号的方法来解决这个问题。可以使用多个 IP 地址和多个端口号来创建多个 FTP 站点。尽管使用多个 IP 地址来创建多个 FTP 站点是常见且推荐的操作，但在默认情况下，当使用 FTP 时，客户端会调用端口 21，此时情况会变得非常复杂。因此，如果要使用多个端口号来创建多个 FTP 站点，则需要将端口号通知给用户，以便用户能够找到并连接到对应端口。

1. 使用相同 IP 地址、不同端口号创建两个 FTP 站点

在同一台服务器中使用相同的 IP 地址、不同的端口号（21、2121）同时创建两个 FTP 站点（其中，第 1 个 FTP 站点为 7.2.5 小节创建的 ftp-test01），具体操作步骤如下。

（1）以域管理员账户登录 FTP 服务器，创建 D:\ftp02 文件夹来作为第 2 个 FTP 站点的主目录，并在该文件夹内创建 ftp-test02.txt 文件以用于测试。

（2）在 FTP 服务器中创建第 2 个 FTP 站点 ftp-test02。站点的创建可参见"7.2.5　创建和管理 FTP 站点"的相关内容，这里不赘述，只要将端口号设置为 2121 即可，如图 7.38 所示。

（3）测试 FTP 站点。在客户端 win10-user01 的文件资源管理器窗口中输入"ftp://192.168.100.100:2121"并按"Enter"键，访问 FTP 站点 ftp-test02，如图 7.39 所示。

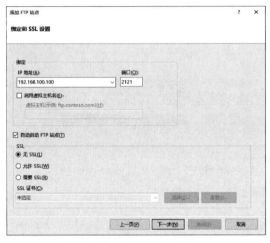

图 7.38　创建 FTP 站点

图 7.39　通过端口号访问 FTP 站点 ftp-test02

2. 使用两个不同的 IP 地址创建两个 FTP 站点

在同一台服务器中使用相同的端口号、不同的 IP 地址（192.168.100.100、192.168.100.101）创建两个 FTP 站点，具体操作步骤如下。

（1）设置 FTP 服务器网卡的两个 IP 地址，即 192.168.100.100、192.168.100.101。设置过程不赘述。

（2）更改第 2 个 FTP 站点的 IP 地址和端口号。打开"Internet Information Services（IIS）管理器"窗口，选择"网站"→"ftp-test02"选项并单击鼠标右键，弹出快捷菜单，如图 7.40所示。选择"编辑绑定"命令，弹出"网站绑定"对话框，如图 7.41 所示。

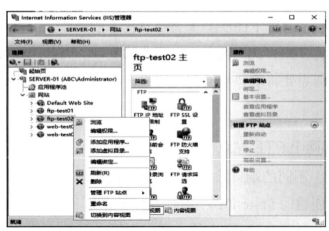

图 7.40　"ftp-test02"快捷菜单

图 7.41　"网站绑定"对话框

（3）选择"ftp"类型后，单击"编辑"按钮，弹出"编辑网站绑定"对话框，修改 IP 地址为 192.168.100.101，修改端口为 21，如图 7.42 所示。单击"确定"按钮，返回"网站绑定"对话框，单击"关闭"按钮，完成更改。

（4）测试 FTP 站点。在客户端 win10-user01 的文件资源管理器窗口中输入"ftp://192.168.100.101"并按"Enter"键，这时就可以访问 FTP 站点 ftp-test02，如图 7.43 所示。

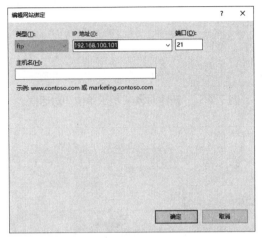

图 7.42 "编辑网站绑定"对话框

图 7.43 通过 IP 地址访问 FTP 站点 ftp-test02

7.2.8 在活动目录环境下实现 FTP 多用户隔离

某公司 FTP 服务器域环境已经搭建好，因业务需求，需要在 FTP 服务器中存储相关业务数据，但要求用户目录之间互相隔离（只允许访问自己的目录，而无法访问其他人的目录），不影响其他用户目录下的业务数据，每一个用户允许使用的 FTP 空间大小为 200MB。公司决定通过活动目录中的 FTP 隔离来实现此应用。

1. 创建组织单位及用户

以域管理员账户登录 FTP 服务器，在"服务器管理器"窗口中，选择"工具"→"Active Directory 用户和计算机"命令，打开"Active Directory 用户和计算机"窗口。创建组织单位 org_unit-01，在组织单位 org_unit-01 中创建用户 ftp_user-01、ftp_user-02、ftp_unit01-master，用户密码均为 Lncc@123。

（1）在"Active Directory 用户和计算机"窗口中，选择"abc.com"选项并单击鼠标右键，在弹出的快捷菜单中选择"新建"→"组织单位"命令，如图 7.44 所示。弹出"新建对象 - 组织单位"对话框，输入名称"org_unit-01"，勾选"防止容器被意外删除"复选框，如图 7.45 所示。

（2）单击"确定"按钮，返回"Active Directory 用户和计算机"窗口，选择刚创建的组织单位 org_unit-01 并单击鼠标右键，在弹出的快捷菜单中选择"新建"→"用户"命令，如图 7.46 所示。弹出"新建对象 - 用户"对话框，输入用户登录名"ftp_user-01"，如图 7.47 所示。

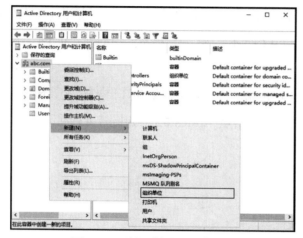

图 7.44　选择"组织单位"命令

图 7.45　"新建对象 – 组织单位"对话框

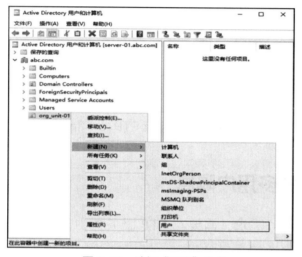

图 7.46　选择"用户"命令

图 7.47　"新建对象 – 用户"对话框

（3）单击"下一步"按钮，设置用户密码，如图 7.48 所示。单击"下一步"按钮，进入用户创建完成界面，如图 7.49 所示。

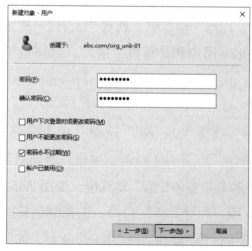

图 7.48　设置用户密码

图 7.49　用户创建完成界面

（4）单击"完成"按钮，完成用户 ftp_user-01 的创建。以相同的方法创建用户 ftp_user-02 和 ftp_unit01-master，如图 7.50 所示。

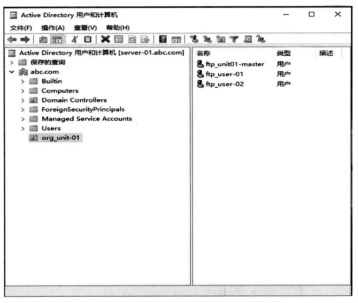

图 7.50　完成组织单位和用户的创建

（5）在"Active Directory 用户和计算机"窗口中，选择"org_unit-01"选项并单击鼠标右键，在弹出的快捷菜单中选择"委派控制"命令，弹出"控制委派向导"对话框，如图 7.51 所示。单击"下一步"按钮，进入"用户或组"界面，如图 7.52 所示。

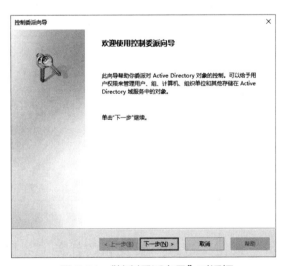

图 7.51　"控制委派向导"对话框

图 7.52　"用户或组"界面

（6）单击"添加"按钮，弹出"选择用户、计算机或组"对话框，如图 7.53 所示。单击"高级"按钮，展开"一般性查询"选项组，如图 7.54 所示。

（7）单击"立即查找"按钮，在"搜索结果"列表框中选择用户 ftp_unit01-master，单击"确定"按钮，收起"一般性查询"选项组，添加用户 ftp_unit01-master，如图 7.55 所示。单击"确定"按钮，返回"用户或组"界面，用户添加完成，如图 7.56 所示。

图 7.54 "一般性查询"选项组

图 7.53 "选择用户、计算机或组"对话框

图 7.55 添加用户 ftp_unit01-master

图 7.56 用户添加完成

（8）选择用户 ftp_unit01-master，单击"下一步"按钮，进入"要委派的任务"界面，如图 7.57 所示。选择"委派下列常见任务"单选按钮，勾选"读取所有用户信息"复选框，单击"下一步"按钮，进入"完成控制委派向导"界面，如图 7.58 所示。

2. FTP 服务器配置

以域管理员账户登录 FTP 服务器，该服务器集域控制器、DNS 服务器和 FTP 服务器于一体，在真实环境下可能需要单独的 FTP 服务器，FTP 服务器角色和功能已经添加。

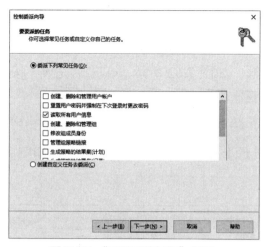

图 7.57 "要委派的任务"界面

图 7.58 "完成控制委派向导"界面

（1）在 D 盘中创建主目录 ftp_unit01，在 ftp_unit01 中分别创建用户名对应的文件夹 ftp_user-01、ftp_user-02，如图 7.59 所示。为了方便测试，分别在文件夹 ftp_user-01 中创建文件 ftp_user-01.txt，在文件夹 ftp_user-02 中创建文件 ftp_user-02.txt。

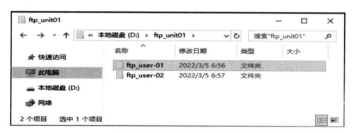

图 7.59 创建与用户名对应的文件夹

（2）打开"Internet Information Services (IIS) 管理器"窗口，选择"网站"选项并单击鼠标右键，在弹出的快捷菜单中选择"添加 FTP 站点"命令，弹出"添加 FTP 站点"对话框的"站点信息"界面，设置 FTP 站点名称和物理路径，如图 7.60 所示。单击"下一步"按钮，进入"绑定和 SSL 设置"界面，选择要绑定的 IP 地址和端口，选择"无 SSL"单选按钮，如图 7.61 所示。

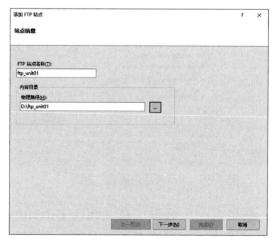

图 7.60 "添加 FTP 站点"对话框的"站点信息"界面

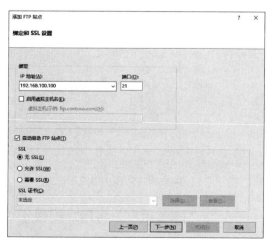

图 7.61 "绑定和 SSL 设置"界面

（3）单击"下一步"按钮，进入"身份验证和授权信息"界面，在"身份验证"选项组中，勾选"匿名"和"基本"复选框，在"授权"选项组的下拉列表中选择"所有用户"选项，在"权限"选项组中，勾选"读取"和"写入"复选框，如图 7.62 所示。单击"完成"按钮，返回"Internet Information Services (IIS) 管理器"窗口。

（4）停止其他 FTP 站点服务，开启刚创建的 FTP 站点 ftp_unit01。选择"ftp_unit01"选项并单击鼠标右键，在弹出的快捷菜单中选择"管理 FTP 站点"→"启动"命令，如图 7.63 所示。

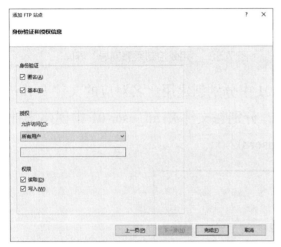

图 7.62　"身份验证和授权信息"界面

图 7.63　启动 FTP 站点 ftp_unit01

（5）在"Internet Information Services (IIS) 管理器"窗口中的左侧窗格中选择"ftp_unit01"选项，在中间窗格中选择"FTP 用户隔离"选项，如图 7.64 所示。

（6）双击"FTP 用户隔离"选项，进入"FTP 用户隔离"界面，如图 7.65 所示。

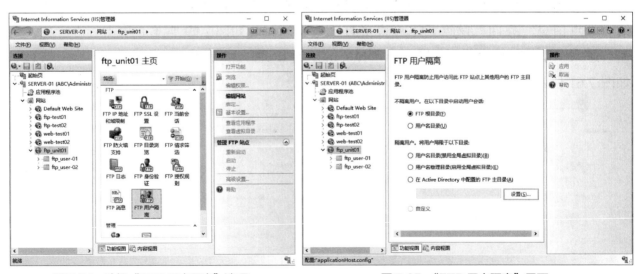

图 7.64　选择"FTP 用户隔离"选项　　　　图 7.65　"FTP 用户隔离"界面

（7）在"隔离用户。将用户局限于以下目录："选项组中，选择"在 Active Directory 中配置的 FTP 主目录"单选按钮，单击"设置"按钮，弹出"设置凭据"对话框，如图 7.66

所示。输入刚刚委派的用户名 ftp_unit01-master 和密码 Lncc@123，单击"确定"按钮，返回"FTP 用户隔离"界面，在右侧窗格的"操作"选项组中选择"应用"选项，如图 7.67 所示。

图 7.66　"设置凭据"对话框　　　　　　　图 7.67　设置委派的用户 ftp_unit01-master

（8）打开"服务器管理器"窗口，选择"工具"→"ADSI 编辑器"命令，打开"ADSI 编辑器"窗口，选择"操作"→"连接到"命令，如图 7.68 所示。弹出"连接设置"对话框，如图 7.69 所示。

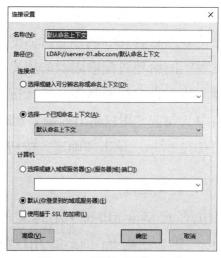

图 7.68　选择"连接到"命令　　　　　　　图 7.69　"连接设置"对话框

（9）单击"确定"按钮，返回"ADSI 编辑器"窗口，展开左子树，选择"OU=org_unit-01"下的"CN=ftp_user-01"，如图 7.70 所示。单击鼠标右键，在弹出的快捷菜单中选择"属性"命令，弹出"CN= ftp_user-01 属性"对话框。其中，"msIIS-FTPDir"选项用于设置用户对应的目录，将其修改为 ftp_user-01；"msIIS-FTPRoot"选项用于设置用户对应的路径，将其设置为 D:\ ftp_unit01，如图 7.71 所示。使用同样的方式配置用户 ftp_user-02。

图 7.70　选择"CN=ftp_user-01"

图 7.71　"CN= ftp_user-01 属性"对话框

> **注意**
>
> 　　msIIS-FTPRoot 对应用户的 FTP 根目录，msIIS-FTPDir 对应用户的 FTP 主目录，用户的 FTP 主目录必须是 FTP 根目录的子目录。

3. 配置磁盘配额

在 FTP 服务器中，在 D 盘上单击鼠标右键，在弹出的快捷菜单中选择"属性"命令，弹出"本地磁盘 (D:) 属性"对话框，选择"配额"选项卡，勾选"启用配额管理"和"拒绝将磁盘空间给超过配额限制的用户"复选框，为该 D 盘上的新用户选择默认配额限制区域，选择"将磁盘空间限制为"单选按钮，设置磁盘配额，在"选择该卷的配额记录选项："选项组中，勾选"用户超出配额限制时记录事件"和"用户超过警告等级时记录事件"复选框，如图 7.72 所示。单击"确定"按钮，完成磁盘配额设置。

4. 测试验证

在客户端 win10-user01 的文件资源管理器窗口中输入"ftp://192.168.100.100"并按"Enter"键，使用 ftp_user-01 用户账户和密码登录 FTP 服务器，如图 7.73 所示。

> **注意**
>
> 　　必须使用 abc\ftp_user-01 或 ftp_user-01@abc.com 登录，为了不受防火墙的影响，在测试时，建议暂时关闭服务器与客户端上的所有软 / 硬件防火墙。

（1）在客户端 win10-user01 上，用户 ftp_user-01 可访问 FTP 服务器，并成功上传文件，如图 7.74 所示。用户 ftp_user-02 也可访问 FTP 服务器，并成功上传文件，如图 7.75 所示。

图 7.72　设置磁盘配额

图 7.73　使用用户账户 ftp_user-01 和密码登录 FTP 服务器

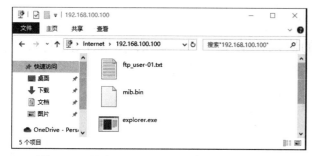

图 7.74　用户 ftp_user-01 访问 FTP 服务器

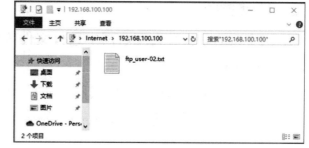

图 7.75　用户 ftp_user-02 访问 FTP 服务器

（2）当用户 ftp_user-01 上传的文件超过 200MB 时，弹出"FTP 文件夹错误"对话框，提示"将文件复制到 FTP 服务器时发生错误。请检查是否有权限将文件放到该服务器上。"信息，如图 7.76 所示。

（3）在 FTP 服务器中，双击桌面上的"此电脑"图标，在 D 盘上单击鼠标右键，在弹出的快捷菜单中选择"属性"命令，弹出"本地磁盘 (D:) 属性"对话框。选择"配额"选项卡，单击"配额项"按钮，打开"(D:) 的配额项"窗口，可查看配额的相关信息，如图 7.77 所示。

图 7.76　"FTP 文件夹错误"对话框

图 7.77　"（D:）的配额项"窗口

课后实训

随着业务的发展，某公司需要创建 Web 服务器与 FTP 服务器，同时需要配置 DNS 服务器及 DHCP 服务器，具体要求如下。

（1）安装 Web 服务器与 FTP 服务器，Web 服务器的域名为 www.abc.com，FTP 服务器的域名为 ftp.abc.com。

（2）配置 DNS 服务器与 DHCP 服务器，并进行相应测试。

（3）创建用户和组，允许 FTP 站点用户登录和匿名用户登录，并进行相应的权限设置。

（4）开启日志管理功能，记录客户端 IP 地址、用户名、访问时间等重要信息。

请按照上述要求做出合适的配置，以检查学习效果。

课后习题

1. 填空题

（1）FTP 是一种在互联网中进行文件传输的协议，基于（　　　）模式，默认使用端口（　　）和（　　　）。

（2）FTP 分为两种工作模式：（　　　）和（　　　）。

（3）Web 目录分为两种类型：（　　　）和（　　　）。

2. 选择题

（1）【单选】FTP 服务使用的端口号是（　　　）。

    A. 21　　　　　　　B. 23　　　　　　　C. 25　　　　　　　D. 27

（2）【单选】从 Internet 上获得软件常用（　　　）。

    A. DHCP　　　　　B. DNS　　　　　　C. FTP　　　　　　D. Telnet

（3）【单选】虚拟目录不具备的特点是（　　　）。

    A. 便于扩展　　　B. 易于配置　　　C. 增删灵活　　　D. 动态分配空间

（4）【多选】Windows Server 2019 中的 IIS 10.0 的默认文档有（　　　）。

    A. Default.htm　　B. Default.asp　　C. index.htm　　D. index.html

（5）【多选】创建多个 Web 网站可以使用的方式为（　　　）。

    A. 使用不同端口创建多个 Web 网站

    B. 使用不同主机头创建多个 Web 网站

    C. 使用不同 IP 地址创建多个 Web 网站

    D. 使用不同计算机名创建多个 Web 网站

3. 简答题

（1）简述 Web 服务的工作原理。

（2）简述 FTP 的工作原理。

（3）简述创建多个 Web 网站的方式。

（4）简述虚拟目录、物理目录的区别与作用。

第8章

远程桌面服务

本章主要讲解远程桌面服务基础知识和技能实践，包括远程桌面服务简介、远程桌面服务的组件及其功能介绍、安装远程桌面服务的服务器角色、发布应用程序、远程桌面连接服务器等相关内容。

学习目标

【知识目标】
· 掌握远程桌面服务基础知识。
· 掌握远程桌面服务的组件及其功能。

【能力目标】
· 掌握安装远程桌面服务的服务器角色、发布应用程序的方法。
· 掌握远程桌面连接服务器的方法。

【素养目标】
· 培养职业精神、厚植职业理念，注重理实一体，践行知行合一。
· 树立团队互助、合作进取的意识。

8.1 远程桌面服务基础知识

在企业中部署大量的计算机，不仅投资大，而且维护起来也十分困难，在终端服务的基础上将桌面和应用程序虚拟化，可以极大地提高员工的工作效率，降低企业成本。

8.1.1 远程桌面服务简介

远程桌面服务（Remote Desktop Service，RDS）是微软公司的桌面虚拟化解决方案的统称。管理员在 RDS 服务器上集中部署应用程序，以虚拟化的方式为用户提供访问，用户不用在自己的计算机上再安装应用程序。

RDS 是云桌面技术之一，多人共用一个操作系统。当用户在远程桌面调用位于 RDS 服务器的应用程序时，应用程序就像在用户自己的计算机上运行一

微课

V8.1 远程桌面服务简介

样，但实际上使用的是服务器的资源，即使用户计算机的配置较低也不会受到影响，这样可节约企业的成本，降低维护成本和复杂性。RDS 分为终端和中心服务器，中心服务器为终端提供服务及资源。

RDS 的终端主要包含如下类型。

（1）瘦客户端：一种小型计算机，没有高速的 CPU 和大容量的内存，没有硬盘，使用固化的小型操作系统，通过网络使用服务器的计算和存储资源。

（2）PC：通过安装并运行终端仿真程序，PC 可以连接并使用服务器的计算和存储资源。

（3）手机终端：一种手机无线网络收发端的简称，包含发射器（手机）、接收器（网络服务器）。使用手机通过远程桌面协议（Remote Desktop Protocol，RDP）远程连接 PC，只要输入相应的登录账号、密码、端口等信息，就可以控制家里或企业中的计算机并处理事务。

RDS 的应用场景众多。RDS 是 RDP 的升级版，其连接的 Windows 系统桌面的体验效果、稳定性、安全性总体都比 RDP 的好。RDS 适用于简单办公、教学、展厅、阅览室、图书馆等无软件兼容要求且网络稳定的场景。

8.1.2　远程桌面服务的组件及其功能介绍

微课

V8.2　远程桌面服务的组件及其功能介绍

RDS 包括 6 个组件，即远程桌面连接代理（Remote Desktop Connection Broker，RDCB）、远程桌面网关（Remote Desktop Gateway，RDG）、远程桌面 Web 访问（Remote Desktop Web Access、RDWA）、远程桌面虚拟化主机（Remote Desktop Virtualization Host，RDVH）、远程桌面会话主机（Remote Desktop Session Host，RDSH）及远程桌面授权服务器（Remote Desktop License Server，RDLS）。

（1）RDCB 作为远程桌面连接代理，负责接收客户端发起的远程桌面连接请求，并根据预定的负载平衡策略将请求定向到最合适的 RDSH 服务器。

（2）RDG 使得来自互联网的用户可以安全地访问内部 Windows 桌面和应用程序。

（3）RDWA 为用户提供一个单一的 Web 入口，使得用户可以通过该入口访问 Windows 桌面和发布的应用程序。使用 RDWA 可以将 Windows 桌面和应用程序发布到各种 Windows 和非 Windows 客户端设备上，还可以选择性地发布到特定的用户组。

（4）RDVH 提供个人或池化 Windows 桌面宿主服务，使得用户可以像使用 PC 一样使用其上的虚拟机，可以提供管理员权限，给用户带来更高的自由度。

（5）RDSH 提供基于会话的远程桌面和应用程序集合，使得众多用户可以同时使用一台服务器，但用户不具备管理权限。

（6）RDLS 提供远程桌面连接授权，授权方式可以是"每设备"或"每用户"。在不激活授权服务器的情况下，提供 120 天试用期。过期后，客户端将不能再访问远程桌面。

除了以上 RDS 组件以外，根据不同的部署模型，还会应用 SQL Server、File Server（文件服务器）、网络负载平衡（Network Load Balancing，NLB）服务等。

8.2　技能实践

部署 RDS 服务器的前提条件是已安装活动目录，具体安装过程参见 2.2.1 小节，这里不赘述，安装好的活动目录的域名为 abc.com。将 RDS 服务器和客户端主机（win10-user01）加入活动目录，客户端主机加入活动目录的具体过程参见 2.2.2 小节，这里不赘述。

8.2.1　安装远程桌面服务的服务器角色

安装 RDS 服务器角色的具体操作步骤如下。

（1）以管理员账户登录域控制器 server-01，打开"服务器管理器"窗口，选择"管理"→"添加角色和功能"命令，打开"添加角色和功能向导"窗口，单击"下一步"按钮，进入"选择安装类型"界面，如图 8.1 所示。选择"远程桌面服务安装"单选按钮，单击"下一步"按钮，进入"选择部署类型"界面，选择"快速启动"单选按钮，如图 8.2 所示。

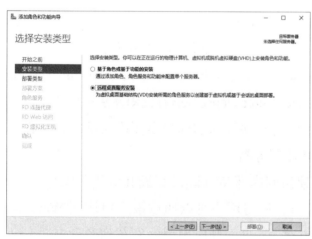

图 8.1　"选择安装类型"界面　　　　　图 8.2　"选择部署类型"界面

（2）单击"下一步"按钮，进入"选择部署方案"界面，如图 8.3 所示，选择"基于会话的桌面部署"单选按钮，单击"下一步"按钮，进入"选择服务器"界面，如图 8.4 所示。

（3）选择服务器，单击"下一步"按钮，进入"确认选择"界面，如图 8.5 所示，勾选"需要时自动重新启动目标服务器"复选框，单击"部署"按钮，进入"查看进度"界面，如图 8.6 所示。安装完成后，单击"关闭"按钮即可。

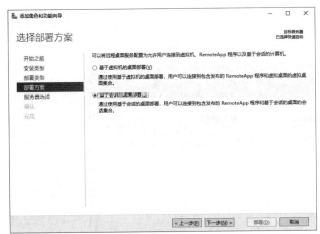

图8.3 "选择部署方案"界面

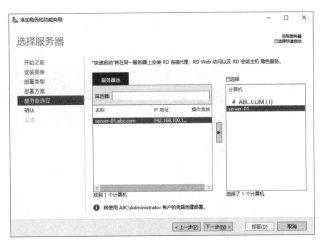

图8.4 "选择服务器"界面

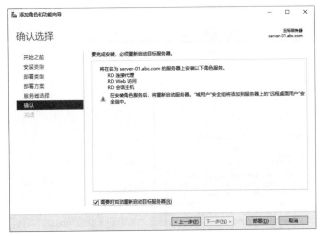

图8.5 "确认选择"界面

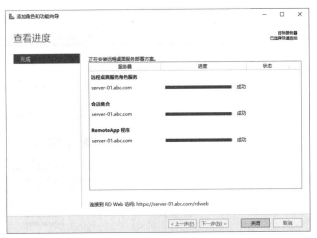

图8.6 "查看进度"界面

8.2.2 发布应用程序

利用远程网络可以建立一个安全隔离的移动办公环境,利用RDS的RemoteApp功能可以运行RDS服务器上的应用程序,并将应用程序画面反映到客户端显示屏上。远程登录权限按用户级别分离,允许一般用户使用RemoteApp功能,允许高级用户访问RDS服务器的桌面。

这里以谷歌公司发布的浏览器为例进行介绍,具体操作步骤如下。

(1)以管理员账户登录域控制器server-01,打开"服务器管理器"窗口,选择"远程桌面服务"→"集合"→"QuickSessionCollection"选项,如图8.7所示,在右侧的"RemoteApp程序"选项组中单击"任务"下拉按钮,在弹出的下拉列表中选择"发布RemoteApp程序"选项,打开"发布RemoteApp程序"窗口,勾选"双核浏览器"复选框,如图8.8所示。

(2)单击"下一步"按钮,进入"确认"界面,如图8.9所示,选择"双核浏览器"选项,单击"发布"按钮。进入"完成"界面,如图8.10所示。单击"关闭"按钮,返回"服务器管理器"窗口，如图 8.11 所示，可以看到"双核浏览器"在 RD Web 访问中是可见的。

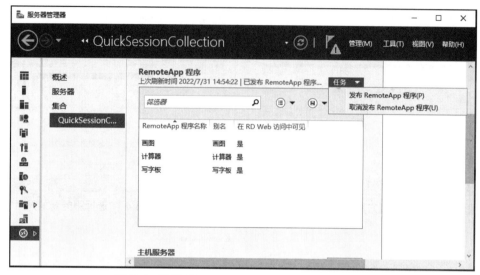

图 8.7　选择"QuickSessionCollection"选项

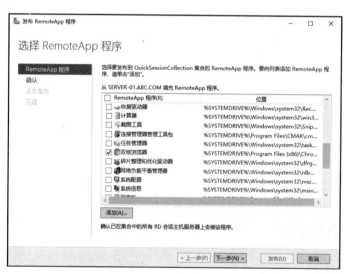

图 8.8　"发布 RemoteApp 程序"窗口

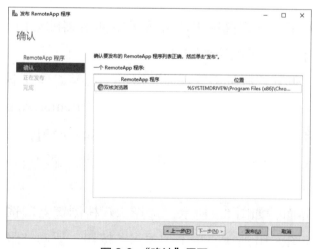

图 8.9　"确认"界面

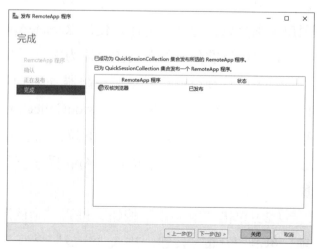

图 8.10　"完成"界面

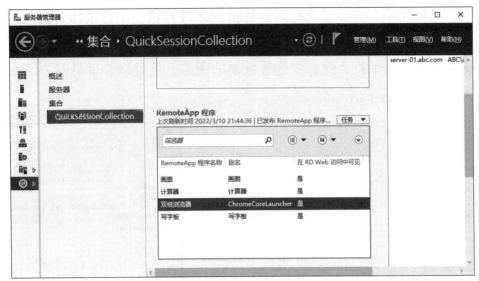

图 8.11 "服务器管理器"窗口

8.2.3 远程桌面连接服务器

微课

V8.3 远程桌面连接服务器

在管理服务器时,通常会使用桌面连接服务器,以方便进行管理,具体操作步骤如下。

1. 服务器端配置

(1)以管理员账户登录需要远程管理的服务器,在桌面上选择"此电脑"图标并单击鼠标右键,在弹出的快捷菜单中选择"属性"命令,打开"系统"窗口,如图 8.12 所示。

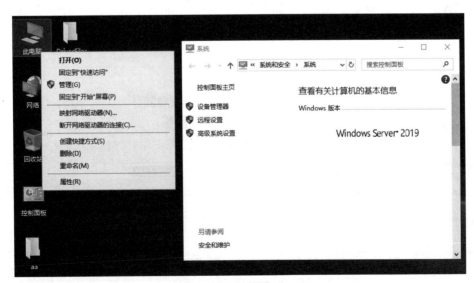

图 8.12 "系统"窗口

(2)单击"高级系统设置"链接,弹出"系统属性"对话框,选择"远程"选项卡,如图 8.13 所示。在"远程协助"选项组中,勾选"允许远程协助连接这台计算机"复选框,在"远程桌面"选项组中，选择"允许远程连接到此计算机"单选按钮，勾选"仅允许运行使用网络级别身份验证的远程桌面的计算机连接（建议）"复选框，单击"选择用户"按钮，弹出"远程桌面用户"对话框，选择要远程登录的用户，此处以管理员账户 Administrator 为例进行介绍，如图 8.14 所示。

图 8.13　"远程"选项卡

图 8.14　"远程桌面用户"对话框

2. 客户端配置

（1）按"Win+R"组合键，弹出"运行"对话框，输入"mstsc"命令，如图 8.15 所示，单击"确定"按钮。打开"远程桌面连接"窗口，如图 8.16 所示。

图 8.15　输入"mstsc"命令

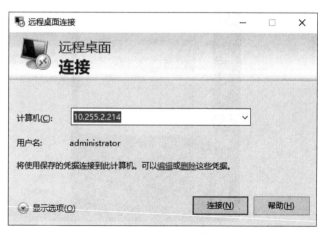

图 8.16　"远程桌面连接"窗口

（2）单击"显示选项"按钮，显示"远程桌面连接"窗口的选项卡，如图 8.17 所示。在各选项卡中可以进行相应的操作，在"常规"选项卡中，单击"编辑"链接，弹出"Windows

安全中心"对话框，可以输入登录用户的密码，也可以单击"更多选项"链接，选择以其他用户进行登录，如图8.18所示。单击"确定"按钮，返回"远程桌面连接"窗口，输入要连接的计算机的IP地址，单击"连接"按钮，可以连接到远程服务器，如图8.19所示。

图8.17 "远程桌面连接"窗口的选项卡

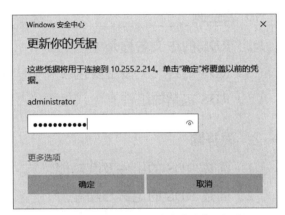

图8.18 "Windows安全中心"对话框

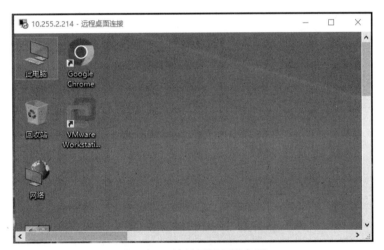

图8.19 连接到远程服务器

课后实训

某公司为实现桌面程序虚拟化，需要创建RDS服务器，并发布应用程序，其具体要求如下。

（1）使用https://www.abc.com/RDWeb访问服务器。

（2）发布一个 Office Word 应用程序，只有公司网络工程部的用户才可以访问该应用程序。

（3）发布一个 Office Excel 应用程序，只有公司财务部的用户才可以访问该应用程序。

（4）从公司任何域的计算机访问 RDWeb 时，会弹出无证书警告或者安全提示。

（5）管理员使用远程桌面服务管理 RDS 服务器，完成相关配置与测试。

请按照上述要求做出合适的配置，以检查学习效果。

课后习题

1. 填空题

（1）RDS 的中文名称是（   ）。

（2）RDS 的终端类型主要包含（   ）、（   ）、（   ）。

（3）RDS 包括的组件有（   ）、（   ）、（   ）、（   ）、（   ）、（   ）。

2. 简答题

（1）简述 RDS 的组件及其功能。

（2）简述 RDS 的定义与功能。